기나긴 수학의 짧은 역사

Eine kurze Geschichte der Mathematik

기나긴 수학의 짧은 역사

초판 1쇄 인쇄일 2025년 5월 13일   초판 1쇄 발행일 2025년 5월 20일

지은이 볼프강 블룸 | 옮긴이 김재호
펴낸이 박재환 | 편집 유은재·신기원 | 마케팅 박용민 | 관리 조영란
펴낸곳 에코리브르 | 주소 서울시 마포구 동교로15길 34 3층(04003) | 전화 702 2530 | 팩스 702 2532
이메일 ecolivres@hanmail.net | 블로그 http://blog.naver.com/ecolivres | 인스타그램 @ecolivres_official
출판등록 2001년 5월 7일 제2001-000092호
종이 세종페이퍼 | 인쇄·제본 상지사 P&B

ISBN 978-89-6263-309-2 03410

책값은 뒤표지에 있습니다.   잘못된 책은 구입한 곳에서 바꿔드립니다.

기나긴
수학의
짧은
역사

볼프강 블룸 지음
김재호 옮김

에코
리브르

차례

누구나 수학을 안다. 어떤 이는 '학교 다닐 때 우리를 괴롭혔던 과목'이
라고 생각할 것이다. 그러나 자세히 들여다보면 "수학은 무엇인가"라는
이 간단한 질문에 답하기가 쉽지 않다.

수학이라는 용어는 그리스어에서 왔으며 '배움의 기술'을 뜻한다. 수
학은 숫자의 과학으로 간주된다. 하지만 예를 들어, 기하학은 도형, 확
률론은 기회와 위험, 이른바 부울대수〔Boolean algebra:참(1)과 거짓(0)을 다
루는 2진법 논리 연산에 기반을 둔 수학적 구조로, 논리학과 컴퓨터과학에서 쓰인다—옮
긴이〕는 논리를 다룬다.

단순한 계산은 분명 수학의 전제 조건이지만, 그 내용은 그렇지 않
다. 스마트폰 시대에 3,886을 58로 나눌 수 있다는 것은 가장 큰 숫자
가 없다는 걸 인식하는 것보다 수학적 성취가 덜하다. 어떤 숫자든 1을
더하면 더 큰 숫자를 얻을 수 있기 때문이다.

그렇다면 수학은 무엇일까? 이 과목의 본질은 개념화다. 그것은 숫자
로 시작한다. 예를 들어, 숫자 3은 무엇을 세는지와 무관하다. 사람 3명

이든, 양 3마리든, 글자 3개든, 덕목 3가지든 이 모두가 지닌 유일한 공통점은 숫자라는 것뿐이다. 인간, 동물, 기호 혹은 속성 같은 다른 모든 내용은 숨겨져 있다.

수학적 대상은 실재하는 것이 아니라 관념이다. 수학자가 직선을 말할 때, 반드시 종이 위에 있는 유한한 선을 의미하는 게 아니다. 오히려 무한히 길고 무한히 가느다란 관념을 뜻한다. 마찬가지로 수학자에게 구(球)는 만질 수 있는 모양이 아니라, 구의 중심점으로부터 거리가 특정 값의 반지름을 초과하지 않는 모든 기하학적 위치의 총체다.

수학의 본질은 바로 이런 것이다. 즉, 불필요한 모든 것을 삼가고, 각각의 맥락에서 중요한 것에 집중하는 일이다. 도시 지도나 내비게이션 시스템의 도움으로 길을 찾아본 사람은 누구나 이 과정을 알고 있다. 지도나 디스플레이에 표시되는 모든 거리에는 세부 정보가 빠져 있다. 도로가 포장돼 있는지 타르가 깔려 있는지, 단독 주택 혹은 목초지 또는 고층 건물이 늘어서 있는지 확인할 수 없다. 중요한 것만 나열한다. 한 장소에서 다른 장소로 이동하기 위해 어떤 도로를 이용해야 하는지 정도만 알려준다. 도시 지도를 읽거나 내비게이션을 이용하는 누구든 집과 자동차, 보행자를 추상화한다. 그리고 선으로만 표시돼 있음에도 불구하고 자신이 찾고자 하는 거리를 알아낸다.

수학자들도 비슷한 방식을 취한다. 그들은 문제를 푸는 데 필요하지 않은 모든 것을 생략한다. 수학자들의 과학은 본질을 인식하고, 정리하고, 새로운 연결 고리를 발견하는 기술이다.

여기서 특이한 점은 한 번 발견한 것은 영원히 유효하다는 것이다.

2×2는 영원히 4이고, 삼각형 내각의 합은 고대뿐만 아니라 그다음 세기에도 180도다. 다른 어떤 과학도 이러한 연속성을 주장할 수 없다. 수학을 제외한 다른 모든 과학에서 지식은 언젠가 옛것이 되고 새로운 발견으로 대체된다. 수학의 자매 학문인 물리학에서조차, 태양 중심의 시스템은 모든 천체가 지구 주위를 돈다는 생각을 근대 초기에 대체했다. 그리고 100년 전, 상대성 이론과 양자역학은 뉴턴 고전물리학의 한계를 드러냈다.

수학은 사람들의 머릿속에서 만들어졌다. 하지만 놀랍게도 세상을 묘사하는 데 매우 적합하다. 자연은 기본 입자의 구조에서 천체의 움직임에 이르기까지 수학의 공식을 따르는 것 같다. 수학적 법칙은 사과가 나무에서 어떻게 떨어지는지와 더불어 태양의 원자 불꽃(태양 중심부의 핵융합 에너지를 '불꽃'에 비유한 것이다―옮긴이)에 대해서도 설명한다. 괴테의 말을 빌리자면 "수학은 세계를 가장 내밀한 곳에서 통괄한다".

심지어 응용 측면에서도 대상에 대한 추상성이 수학의 강점이다. 예를 들어, 정수기의 물과 야금(冶金) 산업의 뜨거운 강철 또는 사출 성형기의 플라스틱을 동일한 공식으로 설명할 수 있다. 왜냐하면 무엇인가 사방으로 흐르기 때문이다. 아울러 그것이 하수 쓰레기인지 혹은 금속이나 플라스틱인지 상관없이 공식을 거의 바꾸지 않는다. 추상화 덕분에 한 번 개발된 수학은 많은 상황에 적용할 수 있다. 언뜻 보기에 공통점이 전혀 없어도 말이다.

우리는 일상생활에서 알게 모르게 끊임없이 수학에 둘러싸여 있다. 수학 없는 기술은 상상할 수 없다. 수학은 컴퓨터·자동차·발전소·비행기·냉장고·휴대폰·의료기기 등 어디에나 있다. 목록은 끝이 없다. 예를 들어, CD 플레이어는 일련의 비트로부터 소리 신호를 계산해낸다. 비트는 5킬로미터 길이의 나선형 트랙에 파인 홈의 형태로 새겨져 있다. 1초의 음악에는 최대 500만 비트가 필요하다. 장치가 1000분의 1비트만 잘못 인식하더라도, 초당 수백 개의 오류가 발생해 음질에 영향을 미친다. 오류에는 디스크의 먼지, 플라스틱 소재 안의 기포, 부정확한 인쇄, 지문, 긁힘 등 여러 가지 이유가 있다. 한 장의 CD에는 50만 비트의 오류가 존재할 수 있다. 하지만 사용하는 코드가 오류를 수정하기 때문에 청취자는 아무것도 알아차리지 못한다. 즉, 오류를 감지할 수 있을 뿐만 아니라 복구도 가능하다. 여기에도 정교한 수학이 숨어 있다. 실제로 모든 CD 플레이어에는 "수학이 이 안에 있어요"라는 스티커를 붙여야 한다. 왜냐하면 다른 모든 기술 장치와 마찬가지로, 그 안에 포함된 수학이 완제품에서는 더 이상 보이지 않기 때문이다.

수학은 우리 삶의 전제 조건이지만, 오늘날 이 과목은 좋은 위치에 있지 않다. 교육받은 사람들 사이에서도 수학 점수가 0점인 것을 완전히 쿨하다고 여기는 경우가 많다. 수학 자체는 2가지 측면에서 이미지를 가꾸는 데 어려움이 있다. 첫째, 그 내용이 순수한 추상적 개념이고, 그 언어는 이중적인 의미로 공식화되어 있다. 둘째, 논증에서 조금의 틈도 없이 엄격하게 논리적 추론을 통해 밝혀낸 것만이 옳다고 여겨진다.

과학의 여왕으로 칭송받는 수학은 그 정확성 때문에 많은 사람이 어린 시절부터 싫어한다. 학교는 수학에 대한 학생들의 흥미를 잃게 만들고, 평생의 공포를 심어준다. 최근의 국제 학업 성취도 평가 프로그램(Program for International Student Assessment, PISA) 연구는 부적절한 수학 수업이 자주 발생해 공부에 대한 의지를 떨어뜨릴 뿐만 아니라 저조한 학업 성취로 이어진다는 것을 입증했다. 독일이 시인과 사상가의 나라라는 얘기는 이제 과거의 일이다. 독일 학생들은 수학에서 일본이나 핀란드 학생들의 상대가 되지 않는다.

노벨 물리학상을 수상한 유진 위그너(Eugene Wigner, 1902~1995)는 수학의 "터무니없는 유효성"에 대해 이렇게 썼다. "물리 법칙을 공식화하는 데 수학 언어가 적합하다는 기적은 놀라운 선물이다. 하지만 우리는 그것을 이해하지도, 받을 자격도 없다."

　수학을 전문가한테 맡겨야 한다고 주장할 수도 있다. 스마트폰을 사용하는 데 그 내부 구조를 알 필요는 없다. 그건 사실이다. 그러나 현대인은 신문의 통계를 정확하게 해석하거나 컴퓨터 프로그램의 논리를 파악하는 등 일상생활에서도 수학에 대한 기본적인 이해가 필요하다. 그리고 기술자부터 심리학자에 이르기까지 많은 직업에서 이 과목의 지식은 필수적이다. 오늘날 모든 학문은 수학적 모델에 의존하고 있다. 그러나 무엇보다도 수학적 이론은 정신을 자극하고 시야를 넓혀준다.

　학교 수업에 완전히 질리지 않은 사람이라면, 이 책을 통해 과학의 여왕이 어떻게 발전했는지 간단히 살펴볼 수 있다. 걱정 마시라. 성적도 매기지 않고 지루한 연습 문제도 없다. 그리고 만약 군데군데 조금 복잡한 부분이 있다면, 물리학의 전설 알베르트 아인슈타인(1879~1955)의 재치 있는 말 한마디가 위로를 약속한다. "수학 문제 때문에 속상해 하지 마세요. 장담컨대 제 문제는 훨씬 더 크거든요."

선사 시대

기원전 250만 년경	의도적으로 만든 최초의 석기 도구
기원전 50만~기원전 2000년	석기 시대
기원전 3만 5000년경	아프리카 사람들이 의도적으로 새긴 뼈의 자국
기원전 8000년경	중동에서 농업 발명
기원전 4000년경	바퀴 발명
기원전 3700년경	피타고라스 정리에 대한 가장 오래된 단서
기원전 3200년경	메소포타미아에 설형문자 등장
기원전 3000년경	수메르인의 분수 발명
기원전 2600년경	쿠푸 왕의 피라미드 건설
기원전 2000년경	최초로 자릿값 체계를 통해 숫자 표현
기원전 2000~기원전 1000년	청동기 시대
기원전 1700년경	수메르 학자들의 삼각형 기하학 발명
기원전 1650년경	아메스, 산술 문제 모음집 《린드 파피루스》 저술
기원전 1300년경	중국에서 최초의 10진법 수 등장. 모세의 10계명
기원전 1000년경~	철기 시대

수학의 역사는 고대 그리스인들로부터 시작된 것이 아니라 수천 년 전부터 서막을 열었다. 인류는 문자를 발명한 것보다 훨씬 전인 약 5000년 전부터 숫자를 사용했다. 따라서 그 출처는 당연히 모호하다. 연구자들은 자국이 새겨진 뼈를 발견해 결론을 도출했다. 또한 오늘날에는 원시인들이 숫자를 어떻게 다뤘는지도 조사하고 있다. 우리에게는 숫자가 매우 자연스러워 보인다. 하지만 현재 지구상에 살고 있는 어떤 원시인은 2 이상을 세지 못한다. 숫자에 대한 감각을 전혀 발달시키지 않은 것이다.

반면, 바빌로니아와 이집트의 초기 선진 문명은 수백만 단위의 숫자를 알고 있었다. 적어도 당시 학자들은 그 숫자들을 이용해 계산을 해냈다. 게다가 기하학을 사용해 들판을 측량하고 건물을 설계했다. 따라서 그리스 수학이라며 우리가 학교에서 가르치는 수많은 지식은 훨씬 더 오래된 기원을 갖고 있다.

최초의 수

심지어 석기 시대에도 사람들은 숫자를 사용했다. 가장 오래된 증거는 남아프리카공화국에서 나왔다. 약 3만 5000년 선, ┌군가 개코원숭이의 허벅지 뼈에 자국을 새겼다. 이 뼈는 오늘날 부시맨이 사용하는 달력 막대기와 비슷하다. 조각가가 29줄의 목록으로 날짜를 계산하려고 했는지, 아니면 사냥의 성공을 기록하려고 했는지는 알 수 없다.

약 1만 5000년 된 뼈로 만든 도구 손잡이는 콩고의 킨샤사와 우간다 사이 국경 지역에서 발굴됐다. 현재 브뤼셀 자연사박물관에서 소장하고 있는 이 손잡이는 인류학자들에게 특히 어려운 수수께끼를 제기한다. 거기에 새겨진 자국들은 겉보기에 임의적인 크기로 그룹화돼 있다. 9, 19, 21, 11, … 아마도 그 표시들은 달의 위상과 관련이 있을 것이다. 이 뼈를 남긴 이상고족(Ishango)이 종교적인 이유로, 아니면 밤에 잘 보이는 시간을 예측하기 위해

아프리카에서 발견된, 뼈로 만든 손잡이 도구는 약 1만 5000년 전의 것으로 추정된다. 인류학자들은 오늘날까지도 이 손잡이에 새겨진 자국의 배열에 대한 수수께끼를 풀고 있다.

달을 관측했는지는 추측으로 남아 있다. 단지 확실한 점은 이상고족이 오래전 화산이 폭발하면서 전멸했다는 것이다.

유럽에서 발견된 가장 초기의 유물은 체코 브르노(Brno)의 모라비안 박물관(Moravian museum)에서 감상할 수 있다. 약 20센티미터 길이의 이 늑대 뼈에는 57개의 깊은 자국이 새겨져 있다. 처음 25개는 길이가 같고, 5개씩 그룹으로 배열한 것처럼 보인다. 이어서 2배 더 긴 2개의 자국이 나오고, 그다음에는 30개의 더 짧은 자국이 보인다. 이걸 만든 사람은 아마도 한 손의 손가락을 기준으로 무언가를 체계적으로 셌을 것이다.

심지어 오늘날의 세계에도 숫자 언어를 모르는 문화가 있다. 예를 들

어, 브라질 열대 우림에 사는 피라항(Pirahã) 인디언은 점심으로 얼마나 많은 물고기를 구워야 하는지 또는 식량이 얼마나 남았는지를 손가락으로 조용히 세어보지도 않는다. 견과류와 기타 임산물을 거래할 때 속임수를 당하고 있는지 알고 싶었던 피라항족은 약 30년 전 인류학자 대니얼 에버렛(Daniel Everett)의 수업을 들었다. 몇몇 남성과 여성이 8개월 동안 교실에서 수업을 들었는데, 결국 숫자 다루는 법을 배우지 않기로 결심했다. 실제로 학교 교육이 끝날 때까지도 더하기는커녕 10까지 셀 줄 아는 사람이 아무도 없었다. 에버렛은 정글에 사는 사람들이 단순히 멍청할 가능성을 배제한다. "그들은 평균적인 학부 대학생보다 두뇌 회전이 느리지 않다."

미국의 언어학자 피터 고든(Peter Gordon)은 피라항족의 수학적 능력을 테스트했는데, 그 결과는 충격적이었다. 이 부족은 비둘기나 침팬지 정도만큼 숫자를 알고 있었다.

연구자들은 피라항족이 가장 간단한 계산도 할 수 없는 이유에 대해 여전히 논쟁을 벌이고 있다. 어떤 사람들은 그들의 언어에 적합한 단어가 없고, 언어가 우리 인간의 생각을 결정하기 때문이라고 주장한다. 그렇기 때문에 정글 사람들은 포르투갈어로도 숫자 습득에 성공하지 못할 것이다. 하지만 에버렛은 동의하지 않는다. 그는 피라항족의 문화에는 숫자가 들어설 여지가 없다고 믿는다. 인디언들은 직접적이고 개인적인 경험을 선호한다. 그들은 오로지 지금 여기에서만 살아간다. 그래서 그들의 언어에는 종속절(從屬節)이나 시제(時制)가 없다.

대부분의 다른 민족은 적어도 숫자 1과 2를 가리키는 단어를 알고 있다. 예를 들어, 오스트레일리아의 아란다족(Aranda)은 1을 '닌타(ninta)', 2를 '타라(tara)'라고 부른다. 1＋2인 3의 경우 '타라마닌타(taramaninta)', 2＋2인 4의 경우 '타라마타라(taramatara)'라고 말한다. 그 이상의 모든 숫자에는 '많은'이라는 단어 하나만 있다. 이와 비슷한 숫자 체계는 전 세계에서 찾아볼 수 있다. 아프리카 사바나의 부시맨과 아마존 정글의 인디언들이 그러하다.

현대 언어에도 그 잔재가 남아 있다. 라틴어 'tres(3)'의 어근은 'trans (독일어로 '너머'라는 뜻)'에서 유래했다. 예를 들어, 프랑스어에도 이것이 보존돼 있는데, 'trois'는 3, 'très'는 '매우'를 의미한다.

아랍어 같은 많은 언어에서는 단수, 이중(정확히 2개), 복수(2개 이상)를 구분한다. 어떤 이들은 둥근 물체와 가늘고 긴 물체를 셀 때 다른 단어를 사용한다. 독일어에서도 2가지 사물에 대해 신발 한 켤레, 쌍둥이, 듀오 등 종종 특별한 이름을 붙인다.

우리 조상들은 숫자를 다루기 위해 다양한 어떤 것을 하나의 속성으로 인식할 수 있어야 했다. 3마리의 사냥감, 3개의 코코넛, 3명의 사람 가운데 공통점을 보는 게 중요했다. 그래야 뼈에 3개의 자국을 새길 수 있었다. 아주 오래전부터 사람들은 손가락을 숫자 세는 표식으로 사용해왔다. 자국, 막대기, 조약돌 외에 오늘날 어린아이나 경마장의 마권 (馬券) 영업자가 사용하는 것과 같은 방식으로 말이다. 손가락이 더 이상 충분하지 않을 때는 발가락에 의지했다. 오스트레일리아와 뉴기니 사이의 토레스해협제도(Torres Strait Islands) 주민들은 19세기까지도 특히 정교한 시스템을 사용했다. 그들은 몸의 오른쪽에서부터 세기 시작했다.

다섯 손가락은 1에서 5까지의 숫자를 나타낸다. 그다음은 손목(6), 팔꿈치(7), 어깨(8)가 뒤를 잇고 가슴뼈(9)에서 왼쪽으로 넘어가 어깨(10), 팔꿈치(11), 손목(12), 손가락(13~17), 발가락(18~22), 발목(23), 무릎(24), 엉덩이(25)로 이어졌다. 그런 다음 섬 주민들은 오른쪽에서 엉덩이, 무릎, 발목, 발가락을 통해 33까지 셌다.

태평양 섬의 다른 원주민들도 비슷한 방식으로 숫자를 셌다. 일부는 눈·귀·코·입을 사용하기도 했다. 산수 수업은 계산을 위해 신체를 활용하면서 체조로 변질됐다.

처음부터 계속해서 다시 시작하면 어떤 숫자든 손가락으로 셀 수 있다. 그러나 10까지 몇 번을 셌는지 기억해야 한다. 한 손으로 세고 다른 손으로 얼마나 많은 5가 있는지 확인하는 것이 더 쉽다. 그렇게 하면 두 손은 서로 다른 것을 의미한다. 한 손은 1부터 5까지의 숫자, 다른 손은 5가 몇 개 있는지를 나타내는 식이다. 이것은 오늘날 사용되는 10진법 등 고도로 발전한 모든 숫자 체계의 원리다. 마지막 1의 자리는 10까지 반복해서 센다. 두 번째 10의 자리는 10까지 몇 번이나 셌는지를 기록하는 데 쓰인다.

바빌론

5000여 년 전 수메르인은 페르시아만 인근 메소포타미아에서 선진 문명을 발전시켰다. 그들의 문자는 이집트 상형문자와 함께 오늘날 우리가 알고 있는 가장 오래된 것이다. 수메르인은 복잡한 거래를 수행하는 데 이 문자를 사용했다. 이를 위해서는 숫자도 필요했다. 약 5000년 전의 우루크(Uruk) 문헌에는 정수뿐만 아니라 분수도 있다. 이집트의 비슷한 오래된 비문에는 매우 많은 숫자가 포함돼 있다. 예를 들어, 한 전리품은 142만 마리의 염소로 이뤄졌다고 언급했다. 분명히 그 당시 숫자 개념이 이미 고도로 발달해 있었다.

수메르인은 이집트인처럼 파피루스에 글을 쓰는 대신, 나무로 만든 쐐기 모양의 첨필(尖筆)을 사용해 축축한 점토에 문자를 눌러서 새기고 나중에 구워냈다. 바빌로니아가 수메르를 정복하면서 두 문화가 합쳐졌다. 이때 수메르의 숫자는 살아남았다. 고고학자들은 작은 파편부터 전체 석판에 이르기까지, 방대한 계산 내용이 담긴 수천 개의 점토 조각을 발견했다. 그것들이 고도의 수학적 지식을 증언한다. 바빌로니아 사람들은 제곱·세제곱을 비롯한 여러 거듭제곱 계산을 했는데, 후자(여러 거듭제곱—옮긴이)는 아마도 대출 이자율을 결정하기 위한 것으로 추정된다. 바빌로니아 학자들은 산술의 대가였지만, 풀이 방법을 수학적 기호가 아닌 단어들로 공식화했다. 그들은 주로 회계·재무·도량형 등 실용적인 문제에 집중했다. 또 천문 관측을 위한 이론적 접근법도 개발했다.

오늘날의 우리와 마찬가지로, 수메르인과 바빌로니아인은 숫자에 자릿값 체계를 사용했다. 즉, 숫자 기호는 표시되는 위치에 따라 다른 의미를 가졌다. 예를 들어, 243에서 2는 오른쪽에서 세 번째이므로 200, 4는 두 번째이므로 40, 3은 마지막이므로 3을 나타낸다. 바빌로니아인의 숫자도 비슷한 구조였지만, 그들은 단지 2개의 문자만을 알고 있었다. 'T'와 거의 비슷하게 생긴 문자는 1('게시(gesh)'라고 읽었다), '<' 형태의 문자는 10('우(u)'라고 읽었다)을 의미했다. 위치에 따라 T는 60 또는 60×60, 즉 3,600일 수도 있다. 수메르인은 83(=60+2×10+3×1)을 T<<TTT로 썼다. (왼쪽부터 T는 60, <는 10, <는 10, T는 1, T는 1, T는 1이다. 이를 다 더하면 83이다—옮긴이.) 73,884(=2×60×60×10+3×10×60+1×60+2×10+4×1)는 <TTT<<<T<<TTTT처럼 표기했다. (<는 모두 10이다. T는 왼쪽부터 차례로 3,600, 3,600, 60, 60, 1, 1, 1, 1을 뜻한다. 이 체계는 불완전해 보인다. T의 값이 고정적이지 않기 때문이다—옮긴이.) 이런 식으로 그들은 수백만까지 숫자를 만들어냈다.

숫자 10이 그들의 체계에서 특별한 역할을 했다는 사실은 쉽게 설명할 수 있다. 열 손가락으로 계산하는 것에서 비롯한 게 거의 확실하다. 하지만 왜 60에 고유한 기호를 부여했는지는 아무도 모른다. 수메르인이 1년을 360(=6×60)일로 나눈 것에서 유래했을지도 모른다. 또한 수메르인이 원을 360개로 조각낸 사실과도 일치한다. 각을 잴 때 오늘날에도 사용하고 있는 그 방법 말이다. 360도는 1회의 완전한 회전을 낳는다. 그리고 잘 알려져 있듯 1도는 60분이며, 1분은 60초로 이뤄진다. 바빌론의 유산은 시간 측정에서도 나타난다. 1시간은 60분 또는 60×60=3,600초다. 수메르인의 숫자 <TTT<<<<TT는 13분 42초, 또는 822초로 읽을 수 있다. (분과 초를 구분해서 셈해야 한다. <TTT는 13분, <<<<TT는 42초를 나타낸다. 역시 이 체계는 불완전해 보인다. 어디서 분과 초를 나눠 읽어야 할지 알 수 없기 때문이다—옮긴이.)

자릿값 체계의 장점은 분명하다. 첫째, 새로운 문자를 추가하지 않고도 모든 크기의 숫자를 표현할 수 있다. 둘째, 더 큰 숫자의 계산을 훨씬 쉽게 해준다. 덧셈과 곱셈을 한 번에 한 자리 숫자만 사용하는 계산으로 줄일 수 있다. 그런데도 이집트인·그리스인·로마인 모두 숫자의 자릿값 체계를 사용하지 않았다.

많은 문화권에서 손가락으로 세면서 10진법을 발전시킨 것으로 보이며, 일부는 발가락도 사용한 듯하다. 연구자들은 마야인·아즈텍인·바스크인·켈트인에게서 20진법을 발견했다. 80을 뜻하는 프랑스어(quatre-vingt, 4개의 20)가 이것을 연상시킨다. 20진법에는 20개의 서로 다른 기호가 숫자를 위해 필요하므로 산술이 더 어려워진다. 구구단은 모든 초등학생이 외워야 하는데, 더 큰 숫자를 곱할 때 지속적으로 쓰인다. 그렇다면 20진법은 19×19까지 올라가야 한다.

수메르인은 정교한 계산을 해냈으나 한 가지 중요한 숫자, 즉 0을 알지 못했다. 그래서 오류가 발생했다. T<<은 20($1 \times 10 + 10$ ─옮긴이)이나 $10 \times 60 + 0 \times 60 + 10 = 610$으로 읽을 수 있다. 이러한 오해를 피하기 위해 기록하는 사람은 같은 자리에 속하지 않는 문자 사이에 공백을 두었다. 따라서 TT는 $2 \times 1 = 2$로, T T는 $1 \times 60 + 0 \times 10 + 1 \times 1 = 61$로 읽었다. 수메르인은 숫자 60을 약간 들여쓰기한 T로 표기했는데, 이로 인해 더 어려워졌다. 그래서 때때로 특수 문자를 대체 기호로 사용했다. 그러나 대체 기호는 점토판에서 0과 달리 단독으로 나타나지 않는다. 그들은 숫자 0을 몰랐던 게 분명하다. 그것은 수 세기 후에야 다른 지역에서 발명됐다.

주판

수천 년 동안 인류는 주판이라는 계산기로 셈을 해왔다. 그것은 막대기에 끼워져 있거나 홈을 따라 움직이는 알 또는 작은 돌로 구성된 틀로 이뤄져 있다. 이 모든 것의 토대는 자릿값 체계다. 그러나 자릿값 체계가 없는 문화권에서도 주판을 사용했다.

주판으로 덧셈하는 것은 아주 쉽다. 작은 돌(또는 알)을 이리저리 밀기만 하면 된다. 다른 막대기에 있는 돌은 각기 다른 값을 갖는다. 다른 자리에 놓인 숫자들처럼 말이다. 이런 식으로 큰 숫자도 빠르게 추가할 수 있다. 이동한 후에는 어느 막대기인지 그리고 값을 나타내는 쪽에 몇 개의 돌이 남아 있는지 읽고, 그것을 숫자로 바꾸기만 하면 된다.

첫 번째 막대기(또는 홈)는 1의 자리, 두 번째는 10의 자리, 세 번째는 100의 자리 등을 나타낸다. 막대기는 종종 2개로 나뉜다. 아래에는 1로 계산하는 5개의 알이 있다. 이 알을 '땅의 진주'라고도 부른다. 위쪽에는 각각 5로 계산하는 2개의 알, 즉 '하늘의 진주'만 있다.

덧셈과 뺄셈을 할 때, 미리 정해진 숫자에 더하거나 빼는 두 번째 숫자의 알을 자릿수마다 밀어서 옮긴다. 자리 올림이 발생하면, 그것은 각 경우마다 다음 높은 자릿수로 전달된다. 숙련된 사용자는 각 숫자를 더하거나 빼도록 설정하는 방법을 직관적으로 알고 있다. 이렇게 하면 순식간에 결과를 얻을 수 있다. 곱셈과 나눗셈은 조금 더 복잡하다. 그것은 서면(書面) 계산과 비슷하게 더하기와 빼기 작업으로 세분화된다. 주판의 달인은 심지어 제곱근도 구할 수 있다.

주판(Abakus)을 처음 발명한 사람은 알려져 있지 않다. 이 단어는 페니키아어 'abak'에서 유래했는데, '글을 쓰기 위해 표면에 흩뿌린 모래'를 의미했다. 연구 결과에 따르면, 주판은 약 5000년 전 바빌로니아에서, 2500년 전에는 페르시아에서 이미 사용했다고 한다. 중국의 학자와 관리들은 기원전 11세기부터 이 최초의 계산기에 대해 알고 있었다.

일부 자료에 따르면, 주판은 마다가스카르에서 유래했다. 그곳에서는 병사들을 한 명씩 좁은 통로로 보내고, 그들이 지날 때마다 바닥의 고랑에 자갈을 하나씩 놓는 방식으로 인원수를 셌다고 한다. 그리고 10명의 병사가 나올 때마다 이에 해당하는 10개의 돌을 두 번째 고랑에 있는 1개의 돌로 교체했다. 100번째 병사가 되면, 10개의 자갈을 '10의 고랑'에서 꺼내고 '100의 고랑'에 1개를 놓았다. 나중에 다른 민족들은 자갈 대신 그냥 구멍 뚫린 자갈을 고랑에 꿰어 넣었다. 반면, 다른 자료에서는 주판이 중앙아시아에서 유래했다고 입증하는 것 같다. 현존하는 가장 오래된 주판은 기원전 3세기 바빌로니아에서 기원했다.

5000년 동안 사람들은 막대기나 홈에 알 또는 구슬을 앞뒤로 밀며 계산을 해왔다.

고대 그리스인은 모래에 새긴 선 위로 돌을 밀어 넣었다. 아리스토텔레스(기원전 384~기원전 322)는 기원전 300년경 주판의 도움으로 수행한 인구 조사에 대해 보고한다. 로마인은 금속판의 틈 사이로 구슬을 끼워 휴대용으로 발전시켰다. 이 휴대용 주판에는 1, 5, 10 등 다양한 열에 '칼쿨리(calculi: 라틴어 'calculus'는 '작은 돌'을 뜻한다—옮긴이)'라고 부르는 버튼들이 있었다. 이 'calculi'에서 독일어 'kalkulieren(계산하다)'이 유래했다. 중국·일본·러시아에서는 오랫동안 실로 꿴 나무나 금속 구슬이 흔했다. 서면 계산과 전자계산기가 주판을 대신한 유럽과 달리, 아시아에서는 오늘날에도 여전히 많은 지역에서 주판을 널리 사용하고 있다. 예를 들어, 일본에서는 초등학교 어린이들이 주판으로 숫자 다루는 법을 배운다.

이집트인

이집트 문명은 현존하는 파피루스 두루마리에서 입증된 것처럼 자릿값 체계를 알지 못했다. 여기에는 수학적인 작업이 포함돼 있다. 안타깝게도 파피루스 두루마리 사본은 몇 장만 남아 있을 뿐이다. 파피루스는 섬세한 소재여서 수천 년 동안 전해 내려온 두루마리는 몇 개뿐이다. 그 주제는 대부분 실용적인 성격이었다. 임금 총액은 여러 근로자에게 어떻게 분배할 수 있는가? 일정한 양의 빵을 굽는 데는 얼마나 많은 곡물이 필요한가? 특정 규모의 밭은 얼마나 큰가? 아마도 이러한 과제는 공무원을 교육하는 데 쓰였을 것이다. 따라서 그것들은 수학 교과서의 선구적인 과제로 간주할 수 있다.

이집트인은 분수 계산에 능숙했다. 그 이유는 숫자를 쓰는 그들의 방식이 매우 비실용적이었기 때문일 수 있다. 자릿값 체계 없이 2개의 큰 숫자를 곱하기 위해, 그들은 분수로 이어질 수 있는 트릭을 사용했다. 예컨대 한 숫자를 2배로 늘리고, 다른 숫자는 동시에 반으로 줄였다. 이집트인은 여기서 발생할 수 있는 나머지 문제를 그저 무시했다. 그런 다음 숫자를 절반으로 나눴을 때 홀수가 되는 경우 2배한 결괏값을 모두 더했다.

예를 들어 19×34를 계산해보자.

첫 번째 단계: 19는 2배인 $2 \times 19 = \mathbf{38}$ 그리고 34의 $\frac{1}{2}$인 $34 \div 2 = 17$.

두 번째 단계: 38은 2배인 $2 \times 38 = 76$ 그리고 17의 $\frac{1}{2}$인 $17 \div 2 = 8$(나머지 1).

세 번째 단계: 76은 2배인 $2 \times 76 = 152$ 그리고 8의 $\frac{1}{2}$인 $8 \div 2 = 4$.

네 번째 단계: 152는 2배인 $2 \times 152 = 304$ 그리고 4의 $\frac{1}{2}$인 $4 \div 2 = 2$.

다섯 번째 단계: 304는 2배인 $2 \times 304 = \mathbf{608}$ 그리고 2의 $\frac{1}{2}$인 $2 \div 2 = 1$.

이제 숫자를 절반으로 나눴을 때 홀수가 나온 단계에서 2배한 모든 결괏값(볼드체)을 다음과 같이 합산한다.

$608 + 38 = 646 = 19 \times 34$.

다음의 계산은 이 방법이 어떻게 작동하는지를 보여준다.

$19 \times 34 = 19 \times (32 + 2) = 19 \times 32 + 19 \times 2 = 608 + 38$.

(위의 계산은 '2진법'과 '곱셈의 분배 법칙'을 이용한 것이다. 앞의 수는 2배, 뒤의 수는 $\frac{1}{2}$배를 했다는 것에 주목하자. 34를 2진법으로 나타내면 $100010_{(2)}$이다. 즉, $34 = 1 \times 2^5 + 0 \times 2^4 + 0 \times 2^3 + 0 \times 2^2 + 1 \times 2^1 + 0 \times 2^0$이다. 여기서 34를 $\frac{1}{2}$배했을 때, 몫이 홀수

인 경우만 2의 제곱으로 표기된다. 따라서 $19 \times 34 = 19 \times (1 \times 25 + 1 \times 21) = 19 \times (32 + 2) =$ $608 + 38$이다—옮긴이.)

숫자를 반으로 줄이려면 $\frac{1}{2}$을 곱해야 한다. 이것이 이집트인한테 분수 계산의 시작점이 됐을지도 모른다.

기원전 1650년경 아메스(Ahmes)가 쓴 5.5미터 길이의 유명한 《린드 파피루스〔Rhind Papyrus: '린드'라는 이름은 19세기 중반 파피루스를 발견한 알렉산 더 헨리 린드(Alexander Henry Rhind)에서 따온 것이다—옮긴이〕》에는 일련의 분 수가 포함돼 있다. 예를 들면 다음과 같은 과제가 있다. "어떤 수와 그 것의 4분의 1을 합하면 15가 된다." 현대 수학으로 번역하면 이렇다. $x + \frac{1}{4}x = 15$. 이 방정식을 풀기 위해 양변에 4를 곱하고 5로 나누면 $x = 12$가 된다. 〔학생들을 만나본 경험에 의하면, '방정식(方程式, Equation)'이란 말 은 너무나 어렵다. 이 때문에 수학이 싫고 포기하는 상황이 생긴다. 누구나 들어보았을 방정식이란 말은 영어로는 '등호(=)를 사용해 미지수를 찾는 식'이라고 생각하면 쉽다. 하지만 한자 方程式은 어렵다. 方은 사각형, 즉 네모를 뜻한다. 동서남북의 방위(方位) 혹 은 방향(方向)에서의 그 '방'이다. 程은 과정(過程)의 그 '정'이다. 방정식은 중국에서 서 양의 Equation을 번역한 것이다. 숫자들을 사각형 모양(제곱인 square)으로 늘어놓고 미 지수를 찾는 계산 과정을 뜻하던 것이 지금까지 굳어져 방정식이란 용어로 사용되고 있 다—옮긴이.〕

이집트인은 모든 분수를 다루지는 않았다. 오늘날 '단위분수'라고 부 르는 분수, 즉 분자에 1이 있는 분수만 다루었다. 단위분수를 위해 이 집트인은 분모에 숫자를 쓰고 그 위의 분자에 <>처럼 생긴 모양을 새

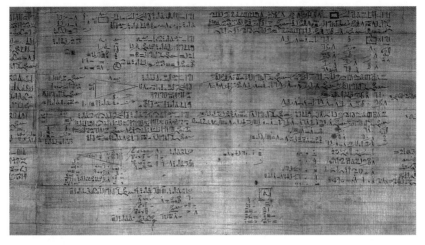

《린드 파피루스》는 5.5미터 길이의 고대 이집트 문서로, 산술 문제들을 담고 있다.

졌다.

계산할 때, 단위분수는 때때로 불편하다. 예를 들어, 《린드 파피루스》의 한 과제는 다음과 같다. "빵 3개를 5명에게 골고루 나눠주라." 오늘날의 관점에서 보면 해결책은 간단하다. 모두가 빵의 $\frac{3}{5}$씩을 가지면 된다. 반면, 아메스는 각자 빵의 3분의 1, 5분의 1, 15분의 1을 받으면 된다고 썼다. 약간의 분수 계산을 통해 알 수 있듯이 빵의 양은 동일하다.

$$\frac{1}{3} + \frac{1}{5} + \frac{1}{15} = \frac{5}{15} + \frac{3}{15} + \frac{1}{15} = \frac{9}{15} = \frac{3}{5}.$$

단위분수를 2배로 늘리려면, 이집트인은 먼저 결괏값을 다시 단위분수로 바꿔야 했다. 그들에게 $\frac{2}{7}$는 단순히 $\frac{2}{7}$가 아니라 $\frac{1}{4} + \frac{1}{28}$이었다. 왜냐하면 $\frac{2}{7} = \frac{8}{28} = \frac{7}{28} + \frac{1}{28} = \frac{1}{4} + \frac{1}{28}$이기 때문이다.

《린드 파피루스》의 시작 부분에는 단위분수의 2배를 단위분수들의 합으로 분해한 표가 있다. 이집트인은 분자가 1이 아닌 분수는 일부만 알고 있었다. 가령 $\frac{2}{3}$ 같은 것들이다. 반면, 과학자들은 바빌로니아 설형 문자에서 단위분수가 아닌 많은 숫자를 발견했다. $\frac{2}{3}, \frac{2}{18}, \frac{4}{18}, \frac{5}{6}, \cdots$ 이 분수들은 특별한 기호로 쓰여 있다.

《린드 파피루스》에는 분수 외에 오늘날의 마인드 스포츠(mind sport)라고 할 수 있는 많은 문제가 포함돼 있다. 현대적 개념에서 보면, 종종 이상하게 표현돼 있어 즉시 이해하기 어려운 경우도 있다. 예를 들어, 이 책의 28번 문제는 다음과 같다.

"$\frac{2}{3}$를 더해야 한다.

$\frac{1}{3}$은 빼야 한다.

10이 남는다.

이 중 $\frac{1}{10}$을 취하면 1이 된다.

나머지는 9다.

이것의 $\frac{2}{3}$, 즉 6을 더한다.

총합은 15다.

이 중 $\frac{1}{3}$은 5다.

이제 5가 사라지면 남는 건 10이다.

이렇게 하는 것이다."

이것은 아마도 숫자 맞추기 퍼즐의 전신이라고 할 수 있다. 어떤 숫자를 생각하고 그 숫자의 $\frac{2}{3}$를 더한다. 이 합계에서 $\frac{1}{3}$을 뺀다. 결과가 10이라면, 당신이 생각한 숫자는 9다. 여기까지가 위 텍스트의 전반부를 번역한 것이다. 후반부는 번역하면 다음과 같다. 9의 $\frac{2}{3}$는 6이다. 6을 원래 숫자 9와 더하면 15다. 이 중 $\frac{1}{3}$인 5를 빼면 10이 나온다.

"이렇게 하는 것이다"는 현대 수학자들의 말로 하면 '증명 끝(Quod erat Demonstrandum, QED)'이라는 뜻이다.*

이집트인은 숫자뿐만 아니라 기하학에도 정통했다. 그 이유 중 하나는 나일강 때문이었다. 나일강은 해마다 범람해서 땅을 비옥하게 만들었지만, 이로 인해 많은 경계 표시가 휩쓸려가곤 했다. 그래서 누가 어느 땅을 소유했었는지 분간할 수 없게 됐다. 파라오들은 측량사를 고용해 이러한 표시를 복원했고, 측량사는 구획의 면적을 직사각형과 삼각형으로 나눠 계산했다.

그리스 역사가 헤로도토스(기원전 484~기원전 425)는 세소스트리스(Sesostris: 고대 이집트 제12왕조의 왕—옮긴이)와 관련해 이렇게 썼다. "또한 모든 주민에게 땅을 나눠주었다. 전해지는 이야기에 따르면, 그들에게 같은 크기의 큰 정사각형 땅을 주었다. 땅에 부과한 연간 세금이 그의 수입원이었다. 그러나 강이 땅의 일부를 파헤치면 주인은 왕에게 가서 그 사실을 알렸다. 왕은 사람을 보내 그 면적이 얼마나 작아졌는지 조사하고 측정하게 했다. 주인은 원래 부과된 세금에서 남은 부분에 비례

---

* 여기서 설명한 것을 풀이해보면 다음과 같다—옮긴이.

$$(x + \frac{2}{3}x) - (x + \frac{2}{3}x) \times \frac{1}{3} = 10$$
$$\frac{5}{3}x - \frac{5}{9}x = 10$$
$$\frac{15}{9}x - \frac{5}{9}x = 10$$
$$\frac{10}{9}x = 10$$
$$\therefore x = 9$$

해 납부하면 됐다. 내 생각에 이때 토지 측량 기술이 발명돼 그리스에 전해진 것 같다."

기하학

또한 이집트인은 정밀하게 정렬된 피라미드를 만드는 데 기하학이 필요했다. 건설에 필수적인 계산을 수행하기 위해서였다. 그들은 이미 피라미드의 부피에 대한 공식(밑면적×높이×$\frac{1}{3}$)과 원의 둘레 및 지름의 비율을 나타내는 원주율 파이(π)의 대략적인 값을 알고 있었다. 후자는 《린드 파피루스》의 50번째 문제에 나온다. "지름 9, 높이 6의 원통형 창고에는 곡물이 얼마나 들어갈까?" 아메스가 제시한 해를 통해 π에 $\frac{256}{81}$ = 3.16094 … 를 사용했다는 걸 알 수 있다. 오늘날 수학자들은 π = 3.14159…를 소수점 이하 수십억 자리까지 산출했다. 아메스는 겨우 200분의 1 정도만 틀렸을 뿐이다.

수메르인·바빌로니아인과 마찬가지로 이집트인도 수 세기 후에 살았던 그리스인 피타고라스의 유명한 정리를 알고 있었다. 모든 학교에서는 다음과 같이 가르쳤다. 직각삼각형에서 한 변 a의 제곱에 다른 변 b의 제곱을 더한 값은 빗변 c의 제곱과 같다.

초기 문명에서는 그 역이 훨씬 더 흥미로웠다. 삼각형의 변이 $a^2 + b^2 = c^2$이면, 그 삼각형은 직각, 즉 90도의 각을 갖고 있다. 예를 들면, 직각으로 된 밭을 배치하거나 밑면이 직각인 피라미드를 만들 수 있었다. 매듭을 같은 간격으로 묶은 밧줄이면 측정이 충분했다. 삼각형이 되도록 펼쳐서 변의 길이가 각각 3, 4, 5인 경우 직각이 만들어진다. $3^2(=9)+4^2(=16)=5^2(=25)$이기 때문이다. 피타고라스의 정리에 따르면, 삼각형의 두 짧은 변 사이의 각도는 90도여야 한다.

바빌로니아의 유물 중 가장 많이 연구된 것은 오늘날 '플림프톤 322(Plimpton 322)'라고 알려진 점토판이다. 약 3700년 전의 것인 이 점토판에는 각각 4개의 숫자가 15줄로 새겨져 있다. (322는 플림프톤을 소장하고 있는 미국 컬럼비아 대학교의 소장품 목록 번호다. 숫자가 4개인 이유는 바빌로니아에서 60진법을 사용해 표기했기 때문이다―옮긴이.) 연구자들은 바빌로니아 사람들이 이 석판을 사용해 피타고라스의 정리를 만족하는 3개의 숫자, 즉 피타고라스의 삼조(三組: 3개로 이뤄진 하나의 쌍이라는 뜻. 3중수라고도 한다―옮긴이)를 도출했다는 데 동의한다. 예를 들면, $3^2+4^2=9+16=25=5^2$에서 3, 4, 5 또는 $5^2+12^2=25+144=169=13^2$에서 5, 12, 13이 있다. 다른 점토판에는 피타고라스의 삼조 65, 72, 97과 119, 120, 169도 포함돼 있다. 해당 방정식은 휴대용 계산기로 빠르게 확인할 수 있다. 즉, $65^2+72^2=4,225+5,184=9,409=97^2$ 그리고 $119^2+120^2=14,161+14,400=28,561=169^2$이다.

바빌로니아인의 기록에는 변의 길이가 각각 12,709, 13,500, 18,541인 삼각형이 있다($12,709^2+13,500^2=161,518,681+182,250,000=343,768,681=18,541^2$). 1밀리미터 길이 단위로 그렸다면, 이 삼각형의 크기는 거의 20미터에 달한다. 당시의 학자들이 어떻게 이런 수치를 생각해냈는지는 수수께끼로 남을 것이다. 단순히 그림을 그리거나 시도해본 것만은 분

3700년 된 바빌로니아의 점토판 플림프톤 322에는 피타고라스의 삼조, 즉 피타고라스의 정리를 만족하는 3중수들이 포함돼 있다.

명 아니었을 테지만 말이다.

　수메르인·바빌로니아인·이집트인이 일반적으로 '피타고라스 정리'를 알고 있었는지, 아니면 3, 4, 5 같은 특정 길이에서만 작동한다는 것만 파악하고 있었는지는 아무도 모른다. 그들이 이 공식을 증명하려고 애썼는지도 알 수 없다. 그러나 확실한 것은 수 세기에 걸쳐 수백 가지 방법으로 증명된 이 정리가 이들 문화권과는 별개로 중국과 인도에서도 발견됐다는 사실이다.

　인더스 계곡에서 번성한 하라파(Harappa) 문화의 가장 오래된 유물은 약 5000년 전의 것이다. 아직 완전히 해독되지 않은 이 문서에는 무역, 측량, 무게, 벽돌 생산에 관한 내용이 담겨 있다.

우리 시대보다 1000년 전에 인도 사람들은 피타고라스의 정리를 밭과 대지를 측정하는 데 사용했을 뿐만 아니라, 엄격한 의식 규정이 있는 정교한 제단을 짓는 데도 적용했다. 예를 들어, 생명을 위협하는 전염병은 제단 면적을 2배로 늘려야만 피할 수 있었다. 표면적을 2배로 늘리는 것은 단순히 건물의 가장자리를 길게 하는 것과는 다르다. 한변의 길이가 1미터인 정사각형을 2배로 확장하려면, 변의 길이를 $\sqrt{2}$배로 늘려야 한다.

인도 사람들은 이미 2의 제곱근(1.414213562…)을 어느 정도 정확하게 계산할 수 있었다. 그러나 이들의 근사치는 종교적 이유로 요구되는 절대적인 정확성을 충족하지는 못했다. 따라서 피타고라스의 정리를 적용함으로써 그들 자신을 도왔다. 오늘날의 석공처럼 그들은 땅에 줄을 쳐서 건물의 치수를 표시했다. 인도 학자 바우다야나(Baudhajana)는 기원전 700년경 "정사각형의 대각선을 가로질러 밧줄을 놓으면 원래 정사각형의 2배에 달하는 면적이 생긴다"고 썼다. 정사각형의 두 변은 대각선과 직각삼각형을 이룬다. 모서리의 길이가 1미터이고 대각선의 길이가 d미터인 경우, 피타고라스에 따르면 $1^2 + 1^2 = d^2$이 적용된다. d를 풀면, $d = \sqrt{2}$다.

약간 후대에 쓰인 인도 문서에는 "직사각형의 대각선에 있는 밧줄은

직각을 이루는 두 변의 제곱의 합은 빗변의 제곱과 같다.

수직 변과 수평 변이 만든 면적의 합과 같은 면적을 만든다"라고 명시돼 있다. 인도 사람들은 이 정리의 이름이 세상에 알려지기 훨씬 전부터 일반적인 형태의 정리를 알고 있었던 것이다.

피타고라스의 정리는 수학의 엄청난 힘을 보여준다. 수천 년 전에 발견된 이 정리는 오늘날에도 여전히 선박·비행기·자동차의 내비게이션 장치에 수없이 많이 쓰이고 있다.

중국의 수학

중국은 외부의 영향을 거의 받지 않고 수학 문화를 발전시켰다. 동아시아의 학자들은 유럽보다 수 세기 앞서 많은 것을 발견했다. 일부 결과물이 인도까지 퍼졌지만, 서양에 전해진 것은 거의 없었다.

기원전 13세기의 비문(碑文)은 중국인이 다른 문화권보다 얼마나 앞서 있었는지를 보여준다. 비문은 547일이라는 기간을 '500＋40＋7'이라는 형식으로 설명한다. 이 비문의 특별한 점은 오늘날 우리가 당연하게 여기는 10진수 체계에 대한 최초의 역사적 증거라는 것이다. 그러나 10진법의 산술적 장점에도 불구하고 이것이 유럽에 도입되기까지는 2500년이 더 지나야 했다.

중국인은 그들의 문자 덕분에 그렇게 일찍 10진법을 생각해낼 수 있었다. 대부분의 문화권에서는 처음에 문자를 숫자로 사용했다. 예를 들어, 수학을 중요시한 고대 그리스인은 알파벳의 첫 번째 글자인 알파(α)

를 1, 두 번째 글자인 베타(β)를 2 등으로 썼다. 10의 경우는 알파벳의 아홉 번째 문자인 이오타(ι)를 사용했다. 〔6을 의미하는 문자 ς(스티그마)는 숫자로만 쓰였다—옮긴이.〕 반면, 중국의 한자는 글자 하나하나가 그 자체로 온전한 단어를 의미하며 정해진 순서가 없다. 따라서 숫자를 표현하는데 적합하지 않았다.

중국인은 대나무 막대기를 그릇에 담아 계산했다. 숫자 10의 경우, 막대기 10개를 그릇에 붓는 대신 두 번째 그릇에 막대기 하나를 넣었다. 그들은 이 과정을 종이로 옮겼다. 고대 그리스인과 로마인도 비슷한 계산 방법을 사용했지만, 그들은 여전히 문자로 숫자를 썼다. 원래의 중국 숫자는 거의 셈 막대기와 비슷하게 생겼다. 수평선은 1, 수직선이 수평선과 연결되면 5, 그렇지 않으면 10을 의미한다. (각각 一, 五, 十을 말한다—옮긴이.)

중국의 수학자들이 언제 무엇을 발견했는지는 많은 경우 추측에 불과하다. 왜냐하면 기원전 3세기 진(秦)나라 때 많은 고서를 불태웠기 때문이다. 이러한 지식은 나중에 학자들이 기억을 통해 다시 기록했다. 가장 유명한 수학 관련 저작물은 《구장산술(九章算術)》인데, 2000년이 넘은 것으로 추정되며 오늘날까지도 원본이 무엇인지는 알려지지 않았다. 여기에는 개별적으로 제시하고 해답을 주는 246개의 문제가 포함돼 있다. 그 해답에 도달하는 방법은 설명하지만 논리적 추론이나 증명은 없다. 대부분의 문제는 토지·물건의 분할이나 대규모 건물의 계획 같은 실용적이고 일상적인 일을 다룬다.

《구장산술》 중 일부는 수학적으로 까다롭다. 예를 들어, 14차 방정식, 즉 미지수가 14의 거듭제곱(x^{14})까지 있는 방정식이 등장한다. 게다가 오늘날 중국인의 '나머지 정리'로 알려진 문제가 있다. 미지의 수만큼 있는 물체들의 집합이 있다고 하자. 주어진 물체의 수를 3개씩 묶어 세면 나머지가 2이고, 5개씩 묶어 세면 나머지가 3이며, 7개씩 묶어 세면 나머지가 2다. 물체는 모두 몇 개일까?

여기에 필요한 속성을 가진 가장 작은 숫자는 23이다. 왜냐하면 23은 3개씩 묶으면 7개와 나머지 2, 5개씩 묶으면 4개와 나머지 3, 7개씩 묶으면 3개와 나머지 2가 되기 때문이다. 다른 가능한 수를 얻으려면 3, 5, 7의 최소공배수, 즉 105의 정수배에 23을 더해야 한다. 그러므로 또 다른 해답은 128, 233 그리고 338이다. 이러한 문제는 예를 들어 달력에서 달·월·태양년의 주기가 언제 일치하는지 묻는 질문 같은 경우에 응용할 수 있다.

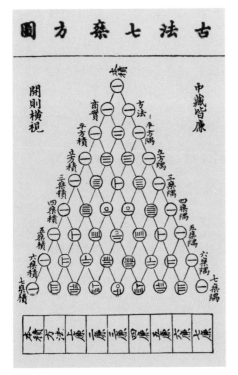

1303년에 나온 중국 책의 표지에는 훗날 파스칼의 삼각형으로 알려진 내용이 실려 있다.

고대 시대(기원전 600~기원후 300)

기원전 1000년경, 한 부족이 북쪽에서 지중해 지역으로 이주해 오늘날에도 여전히 우리 정치와 예술의 근간을 이루고 있는 문화를 발전시켰다. 당시 그리스인은 지금의 그리스뿐만 아니라 이탈리아, 튀르키예, 북아프리카 일부 지역에도 정착했다. 그들은 과학에 대한 우리의 개념, 즉 연구자가 지식을 그 자체의 목적으로 추구한다는 사고방식을 형성했다. 주안점은 실제 세계나 지식의 적용이라기보다 지적이고 추상적인 것에 있었다. 철학과 함께 수학은 그리스에서 가장 발달한 학문이었다.

초기 과학자들은 인간 문화의 근본적인 질문을 스스로에게 던졌다. 어떻게 우주는 혼돈에서 벗어날 수 있었을까? 그들은 고대 신화에서 출발해 논리적 사고를 바탕으로 이에 대한 해답을 발전시켰다.

고대 그리스에서 전해지는 많은 이야기는 실제로 일어났는지 아무도 모르는 일화다. 피타고라스나 유클리드 같은 일부 학자들이 실제 인물인지조차 의심할 여지 없이 입증된 것은 아니다. 그러나 분명한 점은 그리스인이 수학과 단순한 산수를 구별했다는 것이다. 그들은 후자를 '로기스티크(Logistik)'라고 불렀다. 여기에는 실질적인 과제를 해결하는 것도 포함됐다. 무역 민족으로서 그리스인은 자연스럽게 계산에 능통했다. 하지만 결코 산술의 달인이 되지는 못했다. 바빌로니아 사람들과 달리, 숫자의 위치에 따라 값이 달라지는 자릿값 체계로 수치를 나타내지 않았기 때문이다. 그들은 알파벳의 처음 아홉 글자는 1부터 9까지의 숫자, 그다음 아홉 글자는 10, 20, 30, 90, 그다음 아홉 글자는 100, 200, 300, 900을 표현하는 데 썼다. 24개의 문자로 구성된 그리스 알파벳만으로는 충분하지 않았기 때문에 700, 800, 900에 대해서는 3개의 문자를 더 만들었다. 이 표기법에서 더 큰 숫자의 덧셈과 곱셈은 개별 자리의 계산으로 환원할 수 없으므로 훨씬 더 어렵다. 따라서 천문학적 계산을 위해 학자들은 종종 바빌로니아 숫자를 사용한 것으로 알려졌다.

그리스인은 주로 기하학을 바탕으로 수학 분야에서 획기적인 성과를 거뒀다. 그들은 미세한 모래 위에 예술적인 그림을 그려 넣음으로써, 나중에야 등장한 정교한 대수학(代數學) 없이도 복잡한 관계를 다룰 수 있었다. 그들은 기하학을 어떤 응용 분야와도 무관하게 존재할 권리가 있는 '순수한' 과학으로 이해했다. 이러한 접근 방식은 몇 년 전까지만 해도 널리 퍼져 있었다. 많은 '순수한' 수학자가 실용적인 문제에 대한 혐오감을 잃은 것은 연구 자금 경쟁이 심해진 결과였다.

그리스인의 3가지 고전적 문제

전설에 따르면, 기원전 430년 전염병이 창궐했을 때 키클라데스제도 (Cyclades Islands)의 델로스(Delos) 주민들은 델포이의 신탁에 조언을 구했다. 그 대답은 아폴로 신전의 정육면체 모양 제단을 2배의 부피로 늘려야 한다는 것이었다. 현대 학자들은 이 문제를 기하학적으로 해결하고자 했다. 또한 당시 관습대로 나침반과 자만을 사용해 2배로 늘리길 원했다. 그러나 그들은 수 세기 동안 헛된 고민을 한 학자들과 마찬가지로 실패했다.

비록 고대 그리스인이 꿈꿨던 것과는 다른 방식이기는 해도, 수완이 풍부한 사람들이 문제를 해결한 것은 19세기 들어서였다. 그들은 이 문제가 해결 불가능하다는 것을 증명했다. 아무리 능숙하게 수행하더라도 나침반과 자만으로 정육면체를 2배로 만들 수는 없다. 그 이유는 2의 세제곱근(기호로는 $\sqrt[3]{2}$)을 정수, 기본 연산, 제곱근으로 계산할 수 없기 때문이다.

정육면체를 2배로 늘리는 것은 고대 수학의 3가지 고전적 과제 중 하나다. 다른 2가지는 주어진 원과 같은 면적을 가진 정사각형을 만드는 것, 그리고 나침반과 자만 사용해 임의의 각도를 세 부분으로 나누는 것이다. 이러한 문제는 수학이 상당히 발전한 19세기에도 풀 수 없는 것으로 드러났다. 정육면체 2배 늘리기와 유사하게, 여기서의 논증은 기하학적이라기보다 대수학적 성격을 띤다. 예를 들어, 원의 제곱은 분수로 쓸 수 없는 수, 즉 π의 특성으로 인해 실패한다.

첫 번째 증명

밀레투스(Miletus)는 오늘날의 이즈미르(Izmir: 튀르키예의 항구 도시—옮긴이)
에서 남쪽으로 약 80킬로미터 떨어진, 당시 소아시아의 강력한 무역 도
시였다. 이곳의 탈레스(Thales, 기원전 624~기원전 546?)는 자신의 정리를
증명한 최초의 수학자로 꼽힌다.

탈레스는 젊었을 때 이집트와 바빌로니아를 여행했다. 그곳에서 개발
된 접근 방식을 공부하기 위해서였다. 쿠푸 왕의 피라미드(이집트 제4왕조
의 쿠푸 왕이 건설한 피라미드. '기자의 대피라미드'라고도 한다—옮긴이)에서 추정컨
대 누군가 그에게 피라미드의 높이가 얼마나 될 것 같냐고 물었을 것이
다. 탈레스는 높이를 추정하는 게 아니라 측정하겠다고 대답했다. 그는
모래 위에서 자신의 키와 그림자의 길이가 일치할 때까지 기다렸다. 그
런 다음 피라미드의 그림자 길이를 측정하고, 그 길이가 구조물 높이만
큼 길어야 한다고 추론했다. 하지만 그게 전부는 아니었다. 만약 여러
분이 하루 중 다른 시간에 높이를 알고 싶다면, 단지 키와 그림자의 길
이 사이 비율을 계산하기만 하면 된다. 피라미드의 높이와 그 그림자의
비율이 키와 그림자의 길이 사이 비율과 같기 때문이다. 두 번째 방법
은 오늘날 탈레스의 정리라는 이름으로 김나지움(독일의 인문계 중등 교육
기관—옮긴이)에서 가르치는 수학적 사실의 기반이기도 하다.

탈레스는 철학과 천문학도 공부했다. 그에 따르면 물은 모든 것의 원
료다. 응축을 통해 고체가 형성되고, 증발을 통해 공기가 생기며, 그로
부터 다시 불이 생겨난다. 그리스인은 내용 면에서는 틀렸지만, 세계를

밀레투스의 탈레스는 자신의 키와 그림자 길이를 비교함으로써 세계적으로 유명한 기자의 대피라미드 높이를 알아냈다.

설명하기 위해 합리적인 모델을 최초로 제시했다. 그 이전에는 신이 항상 모든 것에 책임을 져야 했다.

자연과학적 접근 방식에도 불구하고, 탈레스는 반원의 모든 원주각은 90도라는 정리를 발견하고 나서 황소를 제물로 바쳤다고 전해진다. 이는 오늘날 이상해 보인다. 어떤 수학자도 정리를 증명하는 데 성공했다고 비싼 자동차에 불을 지르지는 않을 것이다. 당시에는 제물을 바쳐 신을 달래는 게 당연한 일이었다. 명백히 이성적인 과학의 선구자조차도 시대의 관념에서 완전히 자유로울 수는 없었던 것 같다.

탈레스가 기원전 585년 5월 28일 전투 도중에 일어난 일식을 예측했을 때, 동시대 사람들은 놀라움을 금치 못했다. 그는 아마도 바빌로니아 제사장들의 고대 점토판에 의존했을 것이다. 어쨌든 이 자연의 광경

이 펼쳐지면서 그들은 싸움을 멈췄고 평화가 이뤄졌다. 학자로서 탈레스는 실용적인 이유로 천문학을 연구했다. 그리스인은 별을 이용해 바다를 항해했기 때문이다.

한 일화에 따르면, 비평가들이 탈레스의 가난을 비판했다고 한다. 철학으로는 별로 나아질 게 없다고 비웃은 것이다. 이에 탈레스는 키오스(Chios)와 밀레투스의 모든 올리브 압착기를 사들였다. 별을 관찰한 결과, 후년에는 올리브 수확이 풍성하리라 예견한 것이다. 과연 이듬해 수확철이 되자 실제로 압착기 수요가 폭증했다. 탈레스는 그것들을 높은 가격에 빌려줌으로써 많은 돈을 벌 수 있었다. 철학자는 원하기만 하면 언제든지 부자가 될 수 있다는 걸 반대자들에게 보여준 것이다.

모든 것은 수

그다음으로 주목할 만한 눈부신 수학적 인물은 탈레스의 제자이자 밀레투스 연안의 사모스섬(Samos) 출신인 피타고라스(기원전 570~기원전 510?)였다. 피타고라스가 남긴 저서는 하나도 남아 있지 않지만, 오늘날에도 그는 학생들에게 친숙한 인물이다. 그의 삶은 많은 일화로 둘러싸여 있으며, 오랫동안 구전으로만 내려오다가 사후 수백 년이 지난 후에야 기록으로 남았다. 그래서 그중 얼마나 많은 것이 사실인지 아무도 모른다. 일부 역사가들은 심지어 피타고라스가 실제 인물이 아니라고 믿기도 한다.

그러나 대부분의 역사가는 그가 젊은 시절 메소포타미아와 이집트를 여행했다는 데 동의한다. 그곳에서 피타고라스는 사제 계급으로 인정받아 그들의 비밀 지식을 접했던 것으로 추정된다. 그는 훗날 이탈리아 남부에 있는 크로톤에 정착했는데, 그 도시에서 가장 부유한 시민이던 밀론(Milon)의 후원을 받았다. 피타고라스는 이미 현자로 명성을 누리고 있었지만, 헤라클레스처럼 강인한 체격을 갖고 있던 밀론이 그보다 훨씬 더 유명했다. 밀론은 올림픽에서 12번 우승을 차지한 최초의 선수로 알려져 있다.

밀론은 피타고라스에게 큰 집을 제공했다. 그곳에서 피타고라스는 오늘날의 종파(宗派)라고도 할 수 있는 비밀 결사를 설립했다. 당시 크로톤에서는 드문 일이 아니었다. 일종의 종교 공동체에 속한 그들은 사후 세계와 삶의 방식에 대해 공통된 견해를 갖고 있었다.

피타고라스의 제자들은 자신의 재산을 공동체에 넘겼다. 여성도 정회원으로 공동체에 참여할 수 있었다. 이교도 사회의 한복판에서 이곳의 회원은 최대 600명에 달했다. 추종자들은 공동체의 핵심 서클을 '마테마티코이(Mathematikoi: '배우는 자'라는 뜻—옮긴이)'라고 불렀다.

항상 흰색 옷을 입은 피타고라스학파는 환생을 믿었다. 그래서 엄격한 채식주의를 실천했다. 사람이 너무 방탕한 삶을 살면 결국에는 동물로 환생할 수도 있었다. 반면, 완벽을 성취하면 영원한 윤회에서 벗어나 신들과 함께 살 수 있었다. 아울러 피타고라스학파는 인간의 영혼이 깃들어 있다고 여겨지는 누에콩의 섭취를 금지했다. 아마도 태아를 닮은 누에콩의 모양 때문에 그랬을 것이다. 그들은 모든 질병이 소화 장

애로 인해 발생한다고 생각했는데, 이것도 누에콩을 거부한 이유 중 하나였을 것이다. 또한 그들은 거의 날 음식만을 먹고 양털 옷을 입지 않았다.

피타고라스학파의 철학적 신조는 '모든 것은 수'였다. 자연이 정수(正數)에 기반을 두었다고 믿은 그들은 모든 존재의 기초를 추상적 개념으로 선언한 최초의 사람들이었다. 피타고라스학파한테 가장 좋은 예는 그들의 스승이 주창한 조화 이론이었다. 피타고라스는 진동하는 칠현금(七絃琴)을 분석했다. 먼저 칠현금을 자유롭게 진동하도록 놔두고 특정 지점에서 현을 고정시킨 다음, 다시 쳐서 그때 나오는 음이 자유롭게 진동하는 현의 기본음과 조화를 이루는지 관찰했다. 중앙 혹은 두 길이가 간단한 비율을 이루는 지점에서 현을 잡았을 때가 바로 정확히 그런 경우였다. 예를 들어, 줄이 2 대 3의 비율로 나뉘면 완전 5도, 3 대 4의 비율로 나뉘면 완전 4도, 4 대 5의 비율로 나뉘면 장 3도, 5 대 6의 비율로 나뉘면 단 3도가 형성된다. 〔여기서 비율은 진동수비(振動數比), 즉 주파수비(周波數比)를 말한다—옮긴이.〕 아울러 피타고라스는 행성의 궤도나 다른 자연 현상들의 핵심에도 정수가 있다고 믿었다.

유사 종교 지도자와 그 추종자들은 수학을 신비로운 종교로 변모시켰다. 그들에게 숫자는 신비로운 지식의 상징이었다. 그것을 습득하려면 사물의 이면을 들여다봐야 했고, 피타고라스학파를 통해서만 이를 배울 수 있었다.

피타고라스의 말처럼 세계가 정수를 기반으로 이뤄져 있다면, 두 선의 길이는 항상 서로 고정된 수치 관계에 있거나 비례해야 했다. 가령

한 선의 길이가 약 10센티미터이고 다른 선의 길이가 12센티미터일 경우 첫 번째 선을 여섯 번, 두 번째 선을 다섯 번 이어 붙이면 60센티미터 지점에서 딱 맞는다. 피타고라스의 세계관에서 임의의 두 선은 이러한 원칙에 부합해야 했다. 즉, 서로 다른 2개의 선을 충분히 이어 붙이면 결국에는 같은 길이에 도달한다고 믿었다. 이는 모든 길이, 즉 자·돌·화살 또는 사모스에서 크로톤까지의 직선거리까지도 전부 정수에 해당한다는 걸 의미했다. 이러한 기본 측정 단위 개념은 산술과 기하학이 동일한 실재의 다른 표현일 뿐이라는 탈레스의 견해와 완벽하게 맞아떨어졌다.

아이러니하게도 이러한 가정은 모든 피타고라스학파의 오른손에 파란색 문신으로 새긴 펜타그램(pentagram)으로 인해 오류라는 것이 판명됐다. 펜타그램은 정오각형의 대각선을 통해 생기는 5개의 뾰족한 뿔을 가진 별 모양을 말한다. 이 정오각형에서 대각선과 변은 서로 비례하지 않는다. 어떤 인수(因數)로 두 선의 길이를 연장하더라도 결코 같아질 수 없다. 현대 수학의 용어로 말하면, 두 길이의 비율은 무리수, 즉 두 정수의 인수로 표현할 수 없는 숫자다.

전해지는 바에 따르면 기원전 520년경, 피타고라스의 제자인 메타폰툼(Metapontum)의 히파수스(Hippasus)가 서로 비례하지 않는 길이가 있다는 걸 발견했다고 한다. 그가 실제로 펜타그램에서 이것을 발견했는지, 아니면 정사각형으로부터 찾아냈는지는 알려지지 않았다. 정사각형에서도 변과 대각선은 서로 비례하지 않기 때문이다. 일설에 의하면, 피타고라스가 자연에 대한 자신의 이론에서 모순을 발견했는데, 히파수스는 단지 그걸 누설한 죄를 범했을 뿐이라고도 한다. 어쨌든 스승은 제자에게 매우 불쾌감을 느꼈고, 이것이 고약한 결과를 가져왔다. 히파수스의 동료들이 항해 도중 그를 배 밖으로 던져버린 것이다.

피타고라스도 행복한 결말을 맞이하지는 못했다. 이웃한 시바리스(Sybaris: 사치와 향락으로 유명했던 고대 그리스의 식민 도시―옮긴이)에서 반란을 일으킨 주동자들이 어느 날 크로톤으로 도망쳤다. 도망자들이 송환될 위기에 처하자 밀론과 피타고라스는 시민들에게 그들을 보호해달라고 요청했다. 그러자 시바리스의 통치자들은 크로톤에 대규모 군대를 파견했다. 70일간의 전쟁에서 밀론은 도시를 방어하는 데 성공했다. 크로톤 사람들은 전쟁에 대한 보복으로 크라티스강(Crathis)의 물줄기를 돌려 시바리스를 파괴했다.

크로톤에서는 전리품을 둘러싸고 소동이 벌어졌다. 피타고라스학파가 정복한 땅을 차지할까 봐 많은 사람이 두려워했다. 폭도들은 비밀결사를 둘러싼 시기와 공포, 음모에 대한 두려움에 휩싸여 밀론의 저택과 이웃한 학교를 포위하고 불을 질렀다. 피타고라스의 많은 제자가 불에 타 죽었다. 밀론은 스승 피타고라스와 함께 겨우 탈출에 성공했다. 전설에 따르면, 그들은 도망치는 길에 콩밭에 도착했다고 한다. 밀론은 멈춰서 그곳을 지나가느니 차라리 죽겠다고 맹세했다. 추종

펜타그램은 피타고라스학파의 상징이었다. 그런데 뜻밖에도 이 상징에서 피타고라스 세계관의 모순이 드러났다.

자들은 두말할 나위도 없었다.

  그 결과 이 종파의 중심지는 파괴됐고, 더 이상 정치적 의미를 갖지 못했다. 피타고라스학파는 이후 2세기 동안 과학 연구를 계속했다.

피타고라스의 딜레마

그림에서 바닥 쪽에 있는 큰 정사각형은 위쪽의 기울어진 작은 정사각형보다 2배 더 크다. 왜냐하면 큰 정사각형은 작은 정사각형의 절반을 이루는 삼각형 4개로 이뤄져 있기 때문이다. 피타고라스가 믿었던 것처럼 모든 길이가 서로 정수비라면, 두 정사각형 변의 길이는 공약수가 없는 정수라고 가정할 수 있다. 만약 공약수가 존재한다면, 이 공약수를 인수로 삼아 변의 길이를 줄임으로써 도형을 축소할 수 있다.

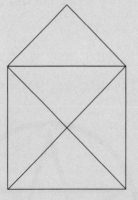

  큰 정사각형의 면적은 작은 정사각형의 (정수) 면적보다 2배 크기 때문에 짝수여야 한다. 홀수는 거듭제곱해도 짝수가 되지 않으므로 큰 정사각형 변의 길이도 짝수다. 하지만 그런 경우 큰 정사각형의 넓이를 4로 나눌 수도 있다. 짝수는 어떤 정수의 2배로, 즉 $2n$, $2n \times 2n = 4n^2$으로 표현할 수 있기 때문이다. 큰 정사각형의 면적을 4로 나눌 수 있다면, 그 절반인 작은 정사각형의 면적은 2로 나눌 수 있어야 한다. 위와 같은 추론을 통해 작은 정사각형 변의 길이도 짝수라는 것을 알 수 있다. 이는 두 변의 길이에 공약수가 없다는 가정과 모순된다. 두 변의 길이가 모두 짝수라면 둘 다 2를 포함해야 하기 때문이다. 이러한 모순을 통해 그리스인은 정사각형의 대각선과 변의 길이가 서로 정수비 관계에 있지 않다는, 즉 공약 불가능하다는 결론을 내렸다.

아카데미

플라톤(기원전 427~기원전 347)이 설립하고 이끌었던 아테네의 유명한 아카데미 입구 위에는 "기하학에 익숙하지 않은 사람은 이곳에 들어올 수 없다"는 문구가 적혀 있었다. 철학자인 플라톤 자신은 수학에 뛰어난 공헌을 하지 않았지만, 수학이라는 학문을 매우 좋아했다. 그는 여러 수학자를 아카데미에 영입하고, 그들의 엄격한 사고방식을 철학에 적용했다.

철학자로서 플라톤은 실제 사물보다 이데아에 더욱 관심이 있었다. 그는 물 위에서 찰나의 순간에 나타나는 원형 파동에는 흥미가 없었다. 하지만 이상적인 원의 속성에는 관심이 있었다. 마찬가지로 그의 관점에서 보면, 모래 위에 그린 직선은 무한히 뻗어나가는 추상적인 직선의 불완전한 근사치에 불과하다. 플라톤에게 이데아는 영원하며 어떤 경험과도 무관하게 존재했다. 그는 수학을 물리적 세계와 분리된 관념의 세계에 위치시켰다. 또한 플라톤은 기하학적 구조에 나침반과 자만 사용했다는 한계를 지니고 있다. 분석적 증명 방법도 아마 그에게서 유래했을 것이다. 이는 어떤 주장으로부터 올바른 진술을 먼저 추론한 다음, 추론의 사슬을 역으로 뒤집어 그 주장의 진위 여부를 테스트하는 것이다.

실제 경험에 대한 언급이 금지되었고, 이로 인해 수학이 근본적으로 바뀌었다. 초기 수학자들은 기껏해야 자신의 주장을 그럴듯하게 만들려고 노력하거나, 특정 연관성을 증명하기 위해 경험이나 관찰에 호소할 뿐이었다. 이로써 엄격하게 논리적인 주장만이 허용됐다. 오늘날에도 많은 수학자는 자신의 연구 대상이 플라톤의 이데아 세계에 존재하는 것들이며, 이를 발견하고 탐구하는 걸 자신의 임무라고 여긴다.

플라톤의 입체

측면이 모두 동일한 정다각형이고 각 모서리에서 똑같은 다각형이 만나는 3차원 도형은 여전히 그리스 철학자 플라톤의 이름을 딴 명칭을 갖고 있다. 그러나 이러한 '플라톤의 입체'가 정확히 5가지라는 것을 처음으로 증명한 사람은 아마도 그의 제자인 크니도스(Knidos)의 테아이테토스(Theaitetos, 기원전 415~기원전 369?)였을 것이다. 정사면체, 정육면체, 정팔면체, 정십이면체, 정이십면체가 그것이다. 정사면체는 밑면이 정삼각형인 피라미드 형태다. 정육면체는 큐브 형태로, 각각의 면은 정사각형이다. 정팔면체는 8개의 정삼각형에 둘러싸여 있다. 정십이면체는 12개의 정오각형으로 이뤄져 있고, 정이십면체는 20개의 정삼각형으로 만들어진다. 자연에서, 플라톤의 고체는 결정과 유기 분자 형태로 존재한다. 플라톤이 직접 '5가지 원소'를 지정했는데, 불(정사면체), 흙(정육면체), 공기(정팔면체), 정신 또는 에테르(정십이면체), 물(정이십면체)이 그것이다.

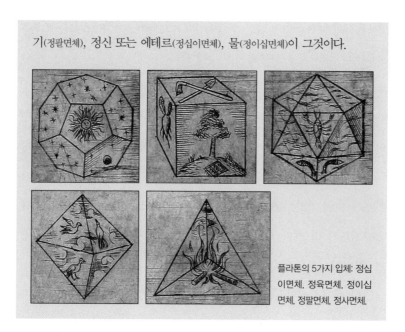

플라톤의 5가지 입체: 정십이면체, 정육면체, 정이십면체, 정팔면체, 정사면체.

《원론》

플라톤보다 약 100년 후에 살았음에도 유클리드(기원전 300년경)의 생애에 대해서는 오늘날 알려진 것이 거의 없다. 그의 업적은 철학자들의 수학 사상을 계승한 데 있으며, 오늘날에도 여전히 수학의 이정표로 여겨진다. 아마도 유클리드는 고대의 가장 큰 연구 기관이던 알렉산드리아의 무세이온(Museion)에서 일하며 왕실 재무부로부터 많은 급여를 받았을 것으로 추정된다. 그는 어떤 수학적 업적도 인정받지 못했지만, 당시의 모든 수학을 자신의 책에 요약했다. 유클리드의 스타일과 과학을 다루는 그의 모든 방식은 플라톤의 아카데미에서 강한 영향을 받았다. 물질세계나 응용에 대한 언급은 없다. 기하학적 작도(作圖)는 기본적으로 컴퍼스와 자를 사용해 이뤄져야 한다.

일화에 따르면, 제자 중 한 명이 기하학의 실질적 용도에 대해 질문하자 유클리드는 시종에게 이렇게 명령했다고 한다. "이 소년에게 약간의 돈을 주게. 배움을 통해 이익을 얻고 싶어 하니 말일세."

유클리드는 정의, 정리, 증명이라는 패턴을 엄격하게 따랐다. 매우 건조한 그의 스타일은 이후 몇 세기 동안 수학 문헌에 영향을 끼쳤다. 유클리드가 몇 가지 가정에서 어떻게 엄청난 양의 결론을 도출해내는지 살펴보는 것은 매우 흥미롭다.

그의 대표작 《원론》은 《성경》, 《코란》과 함께 역사상 가장 영향력 있는 책으로 꼽힌다. 2000년 넘게 이 책은 정확성의 전형으로 여겨졌다. 《원론》은 '13권의 책'으로 나뉘는데, 한 권의 책은 각각 파피루스 두루마리 한 개에 해당한다. 오늘날의 책으로 치면 대략 한 챕터다. 원본은 남아 있지 않으며, 현존하는 가장 오래된 버전은 약 1200년 전의 것으로 888년 비잔티움에서 제작했다. 고고학자들은 그곳의 파피루스 파편과 조각에서 100줄 이상의 텍스트를 발견했다. 내용은 《원론》의 일부이지만, 그 문자는 비잔티움 때보다 훨씬 오래된 것이었다.

유클리드는 오늘날에도 흔히 볼 수 있는 것과 같은 방식과 순서로 많은 기하학적 사실을 제시한다. 증명과 관련한 그의 아이디어는 종종 까다로운데, 수학자들은 이를 통해 그 내용이 오랜 시간 동안 숙성되었을 거라고 추측한다. 예를 들어, 캘리포니아 대학교의 수학 교수 로버트 오서먼(Robert Osserman)은 유클리드의 증명이 "좋은 추리 소설의 매력에 상응하는 통찰력"을 보여준다고 평가한다.

오늘날에는 그 원본이 어떻게 생겼고 어떤 맥락에서 유클리드가 집필했는지 아무도 알지 못한다. 인쇄술이 발명되기 전에는 수작업으로 텍스트를 복사했을 것이다. 《원론》처럼 자주 복사하는 작품에는 많은 편차가 있을 수밖에 없다. 그런데 놀랍게도 2000년이 넘는 세월 동안 누구도 이 작품에서 오류, 즉 거짓으로 판명된 주장을 찾아내지 못했다. 유클리드는 고대에 자신의 정리를 증명했으며, 이것은 지금까지도 의심할 여지 없이 올바른 것으로 여겨진다.

《원론》의 1권부터 4권까지는 컴퍼스를 이용해 그린 정사각형, 평행사변형, 삼각형, 원, 다각형 같은 평면 도형의 기하학적 구조를 다룬다. 1권은 23개의 정의, 9개의 공리, 5개의 공준(公準: 기하학 등 특정 학문 체계에서 성립한다고 가정하는 원리. 반면, 공리는 좀더 넓은 개념으로 일반적이고 보편적으로 적용될 수 있는 기본 원리를 말한다—옮긴이) 등 기본적인 가정을 제시한 다음 이로부터 정리를 추론한다. 정의의 예를 들면, 다음과 같다. "점은 부분이 없는 것이다"(정의 1). "선은 폭이 없고 길이만 있다"(정의 2). "평행선은 같은 평면에 놓여 있고 양쪽에서 무한대로 연장했을 때 어느 쪽에서도 만나지 않는 직선이다"(정의 23).

공리의 예를 들면 다음과 같다. "서로를 덮는 것은 서로 같다." "전체는 부분보다 크다." 공준의 예는 다음과 같다. "두 점은 직선으로 연결할 수 있다"(공준 1).

공준 5는 유명하다. "어떤 직선이든 그 위에 있지 않은 점에 대해 그 점을 지나며 첫 번째 직선과 교차하지 않는 직선은 정확히 하나만 존재한다." 수 세기 동안 수학자들은 평행선과 관련한 이 공준을 아무런 가정 없이 다른 정의·공리·공준을 통해 추론할 수 있다고 믿었다. 그러다 결국 문제가 훨씬 복잡해졌다. 19세기에 이르러서야 과학자들은 이 평행선 공준이 적용되지 않는 이른바 '비유클리드 기하학'을 개발했다.

2권은 훗날 '대수기하학'이라고 불리는 수학의 기초를 다졌다. 엄밀한 의미에서, 모든 양(量)은 기하학적으로 표현할 수 있다. 숫자는 거리다. 두 숫자를 곱하면, 그 결과는 (그 숫자에 해당하는 길이의 변을 가진) 직사각형의 넓이가 된다. 그러면 세 숫자의 곱은 직육면체의 부피에 해당한다. 덧셈은 적절한 선분들을 서로 이어 붙이는 것으로 본다. 3권에서는 원을, 4권에서는 모서리가 모두 같은 원 위에 있는 정다각형을 다룬다.

5권은 비율, 즉 크기의 관계를 다룬다. 6권은 유사한 도형들에 비율 이론을 적용함으로써 피타고라스의 정리를 일반화한 결과를 얻는다. 이것은 구성 가능한 모든 도형으로 확장된다.

7~9권은 정수론을 다룬다. 숫자는 항상 기하학적으로 처리할 수 있는 정수를 나타낸다. 예를 들어, 두 숫자의 곱은 항상 (그 숫자에 해당하는 길이의 변을 가진) 직사각형의 넓이를 나타낸다. 9권에서는 소수(素數)의 수는 무한하다는 유클리드의 유명한 증명을 제시한다. 그는 "주어진 소수의 개수보다 더 많은 소수가 있다"며 '무한'이라는 단어를 피했지만 말이다.

10권은 공약수가 없는 선, 즉 서로 정수비가 아닌 길이에 대해 다룬다. 마지막 세 권은 입체 도형의 기하학을 다루는데, 13권은 5개의 플라톤 입체가 있다는 걸 증명하는 것으로 끝을 맺는다. 유클리드는 이것들을 구성하고, 경계면이 입체의 중심으로부터 얼마나 멀리 떨어져 있는지를 명시한다.

유클리드는 플라톤의 입체를 연구하던 중 수학뿐만 아니라 생물학·예술·건축학에서 지금까지 뜨거운 논쟁거리가 되고 있는 '황금비'라는 수학적 비율을 발견했다. 이 비율에 대해서는 이전에도 언급된 적이 있지만, 이를 정확하게 설명한 것은 유클리드가 처음이다. 하지만 '황금비'라는 이름은 16세기에 들어서야 만들어졌다.

다음의 경우, 두 길이는 황금비에 속한다. 즉, 큰 것과 작은 것의 비율이 두 길이의 합 및 큰 것의 비율과 정확히 같을 때다. 이 속성을 통해 황금비, 즉 $\dfrac{1+\sqrt{5}}{2}=1.61803398\cdots$ 을 계산할 수 있다. 뒤의 점들은 소수점 이하 자릿수가 표기한 것보다 더 많다는 걸 나타낸다(정확히 말하면 무한하다). 예를 들어, 짧은 길이가 10센티미터라면 긴 길이는 약 16.18센티미터다.

사후의 피타고라스를 괴롭히기라도 하듯 황금비는 공약 불가능한, 즉 서로 맞지 않는 비율이다. 하지만 컴퍼스와 자만 있으면 쉽게 만들수 있다. 예를 들어, 피타고라스학파의 상징인 펜타그램은 황금비를 여러 번 보여준다. 정오각형의 대각선과 변 길이의 비율을 통해 말이다.

이 특별한 숫자는 수학에서 반복적으로 등장하며, 때로는 연구자들을 놀라게 하기도 한다. 심지어 오토마타 이론(automata theory: 계산 가능한 문제인지를 다루는 컴퓨터과학의 한 분야—옮긴이)이나 카오스 이론 같은 현대 과학 분야에서도 중요한 역할을 한다.

그리스 역사가 헤로도토스는 쿠푸 왕의 피라미드에서 황금비를 발견했다고 주장했다. 훗날 반박당하긴 했지만 말이다. 가령 기원전 440년 경에 지은 아크로폴리스의 파르테논 신전에서는 황금비 같은 길이의 비율을 곳곳에서 볼 수 있다. 설계도가 남아 있지 않기 때문에 건물을 의도적으로 이렇게 지었는지는 확실하지 않다. 역사가들은 또한 페이디아스(Pheidias, 기원전 5세기경)의 조각이나 레오아르케스(Leoarches, 기원전 325년경)의 작품인 '벨베데레의 아폴론(Apollon von Belvedere)' 같은 그리스 조각에서 '신성한 비율'을 발견했다고 주장한다.

식물학에서 황금비는 예를 들어 솔방울·데이지·엉겅퀴에서 찾을 수 있다. 사람들은 이 비율이 특히 아름답다고 생각한다. 그러나 이런 주장에 대한 증거는 아직 없다.

무한히 많은 소수

수학에서 가장 유명하면서도 동시에 가장 우아한 증명 중 하나는 유클리드로 거슬러 올라간다. 이 그리스 철학자는 《원론》 9권에서 주어진 어떤 수보다 많은 소수, 즉 오늘날의 용어로 '무한대'의 소수가 존재한다고 주장했다. 소수는 수학의 기본 구성 요소다. 소수는 나머지 없이 1과 그 자체로만 나눌 수 있는 정수를 말한다. 예를 들어 3은 11, 13, 17, 101과 마찬가지로 소수다. 반면 15는 3과 5로 나눌 수 있기 때문에 소수가 아니다.

자신의 주장을 입증하기 위해 유클리드는 모순에 의한 증명을 수행했다. 자신이 증명하고자 하는 것과 정반대되는 가정(즉, "소수의 수는 유한하다")을 한 다음, 이를 p_1, p_2, p_3, $\cdots$, p_n과 같은 방식으로 열거했다. 여기서 n은 소수의 개수를 나타낸다. 이제 이 수들로부터 새로운 수 q를 만들 수 있다. $q = p_1 \times p_2 \times p_3 \times \cdots \times p_n + 1$. 끝에 +1이 있으므로 이 q는 나머지 없는 p_1으로 나눌 수 없고, p_2, p_3 등으로 나눌 수도 없으며, p_n까지 나눌 수 없다. 만약 p_1, p_2, p_3, $\cdots$, p_n이 실제로 모두 소수라면, q 자체도 소수여야 한다. 왜냐하면 q는 자기 자신과 1로만 나눌 수 있기 때문이다. 이것은 모순이 되는데, p_1, p_2, p_3, $\cdots$, p_n 이외의 다른 소수는 존재하지 않아야 하는 까닭이다. 이는 소수가 무한히 존재한다는 가정을 반증한다.

미국의 수학사학자 윌리엄 던햄(William Dunham)에게 이러한 증명은 수학적 재능의 리트머스 시험지였다. "수학에 타고난 성향이 있는 사람에게 이 증명은 감동의 눈물을 흘리게 하고, 그런 성향이 없는 사람한테는 통곡의 눈물을 자아낸다."

지구 측정하기

오늘날의 리비아에 위치한 키레네(Kyrene) 출신 에라토스테네스(Eratosthenes, 기원전 284~기원전 202)는 알렉산드리아에 있는 유명한 무세이온 도서관의 관장이었다. 이곳은 당대의 거의 모든 문헌을 망라한 수십만 개의 두루마리를 소장하고 있었다. 그는 자연과학에 대한 지식이 풍부했을 뿐만 아니라 시를 쓰는 등 다재다능한 인물로 평가받았다. 그래서 별명도 '5종 경기 선수'였다. 그러나 에라토스테네스를 조롱하는 사람들은 그가 어떤 분야에서도 1등이 아니었기 때문에 그리스 알파벳의 두 번째 글자를 따서 '베타'라고 불렀다.

에라토스테네스는 지구의 둘레를 매우 정확하게 측정했다. 당시 그리스 학자들은 이미 지구가 구형이라는 사실을 알고 있었다. 항구에 접근하는 배에서 가장 먼저 보이는 게 돛대라는 걸 알아챘던 것이다.

에라토스테네스는 오늘날의 아스완(Aswan: 이집트 남동쪽에 위치한 도시 — 옮긴이), 즉 시에네(Syene)에 머무는 동안 1년 중 특정한 날에 태양이 우물 바닥의 물에 반사되어 하늘에 정확히 수직을 이룬다는 사실을 발견했다고 전해진다. 이날 정오에는 알렉산드리아에 있는 높이 40미터의 오벨리스크가 5미터 길이의 그림자를 드리웠다. 에라토스테네스는 이것을 이용해 태양이 알렉산드리아를 비추는 각도를 계산하고, 시에네에서 알렉산드리아까지의 거리가 지구 전체 둘레에서 차지하는 비율을 추론했다. 이를 위해 태양 광선이 지구에 거의 평행하게 닿는다는 지식을 활용했다. 그러면 지구 중심에서 시에네와 알렉산드리아까지의 반지름이 이루는 각도가 알렉산드리아에서 태양 광선이 수직선과 이루는 각도와 정확히 같을 터였다(이를 평행인 두 직선의 엇각이라고 한다).

에라토스테네스는 약 800킬로미터 떨어진 이집트의 두 도시 사이의 거리를 최대한 정확하게 측정했다. 그리고 태양 광선과 수직선의 각도를 7.2도로 계산했다. $7.2 \times 50 = 360$이므로 이 각도는 전체 회전의 $\frac{1}{50}$을 나타낸다. 따라서 알렉산드리아에서 시에네까지의 거리는 지구 둘레의 $\frac{1}{50}$에 해당한다. 에라토스테네스는 자신이 측정한 거리에 50을 곱했다.

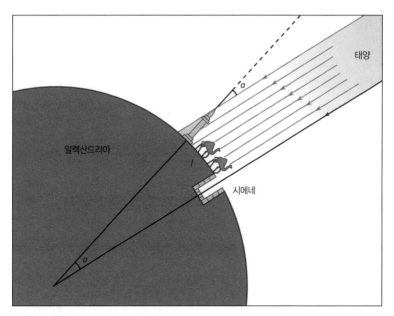

에라토스테네스는 시에네에서 태양이 수직일 때, 태양 광선이 알렉산드리아에 도달하는 각도를 측정하고 두 도시 사이의 거리를 이용해 지구 둘레를 추정했다.

당시 장거리를 재는 단위는 '스타디온(stadion: 1스타디온은 600피트, 약 185미터—옮긴이)'이었다. 이 단위에 대해서는 7가지의 서로 다른 정의가 있기 때문에 오늘날 우리는 에라토스테네스의 추정이 얼마나 정확했는지 대략적으로만 알고 있을 뿐이다. 에라토스테네스가 사용한 정의에 따르면, 그는 5~15퍼센트의 오차를 냈다. 과학자들은 약 1000년 후에야 더 정확한 값을 알아냈다.

유레카

피타고라스와 마찬가지로 아르키메데스(기원전 287~기원전 212?)도 사모스에서 태어났을 가능성이 높다. 시칠리아의 시라쿠사(Siracusa)에서 성장한 그는 알렉산드리아에서 몇 년 동안 공부한 후 그곳에 살면서 일했다. 아르키메데스는 알렉산드리아의 수학자들과 개인적으로 알고 지냈으며, 정기적으로 자신의 연구 결과를 그들에게 보내주었다. 나선(螺線)에 관한 연구 서문에서, 아르키메데스는 그곳의 동료 중 일부가 그의 연구 결과를 마치 자신들의 것인 양 둔갑시켰다고 썼다. 그리고 이어서 보낸 편지에서는 "증명하지 않고 결과를 베낀 사람들이 불가능한 것을 발견한 척한 사기꾼으로 드러나도록" 2가지 거짓 결과를 자신의 연구에 섞어 넣었다고 밝히기도 했다.

　일화에 따르면, 아르키메데스는 금세공인의 주장대로 왕관이 실제로 금으로 만들어졌는지, 아니면 왕의 의심대로 납이 섞여 있는지 확인해 달라는 요청을 왕으로부터 받은 적이 있다. 당시 과학자들에게는 왕관을 분해하지 않고는 그 질문에 답할 도리가 없었다. 아르키메데스는 이 문제에 대해 오랫동안 고민하다가 어느 날 목욕탕에서 자신이 욕조에 몸을 담글 때 물이 넘치는 것을 보고 문득 깨달았다. 용기에 왕관을 담그고 물이 얼마나 넘치는지 측정하는 방법을 떠올린 것이다. 이렇게 해서 그는 왕관의 부피와 비중, 즉 왕관의 1세제곱센티미터당 무게를 알아낼 수 있었다. 아르키메데스는 그 결과를 금의 비중과 비교했다.

　이 천재는 번뜩이는 영감을 얻은 후, 시라쿠스의 거리를 신나게 뛰어

다니며 계속해서 외쳤다고 한다. "유레카! 유레카! 내가 해냈어! 내가 해냈어!" 기쁨에 겨워 자신이 벌거벗고 있다는 사실도 잊었다.

그런데 이 이야기는 금세공인한테는 좋은 게 아니었다. 아르키메데스가 금세공인이 왕을 속이려 했다는 걸 증명함으로써 목숨을 잃었기 때문이다.

아르키메데스는 일명 실진법(悉盡法: '무한 소멸법'이라고도 한다―옮긴이)을 사용해 곡선의 면적과 부피를 계산하기도 했다. 실제 값에 점점 더 정확한 근삿값을 삽입하면서 17세기 말에야 개발된 적분법의 토대를 마련한 것이다. 예를 들어, 원을 측정해 원주율 π가 $3\frac{10}{71} = 3.140845\cdots$와 $3\frac{1}{7} = 3.1428571\cdots$ 사이에 있어야 한다는 것을 증명했다. 이것은 실제 π값인 $3.141592\cdots$에 매우 가까웠다.

아르키메데스는 자신의 저서 《사립산(砂粒算)》에서 그 당시 구체 안에 들어 있다고 일반적으로 믿었던 우주 전체를 채우려면 얼마나 많은 모래알이 필요한지 생각했다. 이를 위해 먼저 손가락 한 개의 너비에 들어가는 모래 알갱이의 수를 계산했다. 그리고 손가락 한 개의 너비에서 운동장 하나의 길이를 거쳐 우주까지 범위를 확대했다. 그 결과 항성의 가장 바깥쪽 구체까지 우주를 채우려면 10^{51}, 즉 51자리의 모래알이 필요하다고 계산했다. 그런데 이렇게 큰 수는 그리스 숫자 체계로는 표현할 수 없었다. 그래서 아르키메데스는 이러한 숫자 괴물을 표현하는 새로운 방법을 재빨리 발명했다.

그리스인에게는 10,000이 가장 큰 숫자였는데, 이것을 미리아스(myrias)라고 불렀다. 그들은 미리아스의 미리아스, 즉 $10,000 \times 10,000 =$

100,000,000까지 계산했다. 아르키메데스는 간단히 여기서부터 다시 시작했다. 100,000,000을 1로 설정하고, 이와 구별하기 위해 2차수를 생각한 것이다. 2차수는 미리아스의 미리아스의 미리아스의 미리아스(10,000×10,000×10,000×10,000—옮긴이)로 10^{16}까지 늘어났다. 그런 다음 3차수로 이어가는 방식으로 마침내 미리아스 차수까지 나아갔다. 이 정도면 모래알이 충분하고도 남았지만, 그는 훨씬 더 큰 숫자에 대해 설명했다.

이전 시대와 마찬가지로 아르키메데스는 단지 수학자만이 아니었다. 지렛대와 무게 중심의 법칙을 증명하고, 액체 속 물체의 부력을 조사했다. 또한 관개 및 배수에 필요한 나선형 양수기 같은 기술 장치를 개발했다. 그가 고안한 전쟁 기계는 두려움의 대상이었다.

아르키메데스는 투석기 외에도 적의 군함을 물 밖으로 들어 올린 다음, 뱃머리가 먼저 앞으로 떨어지게 할 수 있는 거대한 지레 크레인을 만들었다. 또한 태양 광선을 한 지점에 집중시키는 오목 거울을 제작해 적 함대의 돛에 불을 붙였다고도 한다.

빛을 집중시키려면 거울이 포물선 모양이어야 한다. 우리는 오늘날 이것을 위성 안테나와 태양열 조리기에서 볼 수 있다. 이는 그리스인이 자세히 다룬 원뿔 곡선의 일종인 포물선에서 유래한 것이다. 아르키메네스는 포물선으로 둘러싸인 면석을 계산해냈는데, 10세기에 만들어진 필사본 덕분에 우리는 이에 대해 알고 있다. 13세기에 본문을 지우고 다시 쓴 양피지 사본은 20세기 말 경매에서 200만 달러라는 놀라운 가격에 낙찰됐다.

거대한 지레 크레인과 오목 거울이 실제로 존재했는지는 의문이다. 로마인이 오랫동안 부유한 도시 시라쿠사를 점령하려 했지만, 아르키메데스의 전쟁 기계에 큰 경외심을 표했다는 것은 확실하다. 로마 군인들은 그 기계들을 너무나 두려워한 나머지 밧줄이나 막대기 하나가 성벽 위에 나타나기만 해도 도망쳤다고 한다.

로마는 시라쿠사보다 군사적으로 훨씬 우세했기 때문에 결국은 그 도시를 함락시킬 수 있었다. 당시 시라쿠사 주민들은 당황해서 질서 정연한 방어전을 펼치지 못했다. 방해받지 않은 유일한 사람은 아르키메데스였다. 그는 수학적 문제에 대해 골똘히 생각하며 발 앞에 있는 모래 위에 기하학적 도형을 그리고 있었다. 한 로마 병사가 그에게 자신을 따라오라고 지시했다. 당시 75세였던 노학자는 "내 원을 밟지 마시오!"라고 대답했다. 이에 병사는 너무 화가 나서 아르키메데스를 죽였다고 전해진다.

그리스인의 한계

아르키메데스 이후 알렉산드리아의 수학자들은 기하학과는 독립적으로 숫자에 대해 처음으로 숙고하기 시작했다. 알렉산드리아의 헤론(Heron)은 그의 저서 《메트리카(Metrika)》에서 처음으로 숫자를 길이로 해석하지 않고 숫자 그 자체로 계산했다. 예를 들어, 제곱근이 정수가 아닐지라도 제곱근 구하는 방법을 개발했다. 아르키메데스처럼 기계도 만들었다. 그는 스스로 열리는 신전 문, 성수(聖水)를 자동으로 나눠주는 기계, 세계 최초의 열기관으로 알려진 이른바 '헤론의 공(aeolipile)'을 제작하기도 했다.

초기 기독교 이후 몇 세기 동안, 대수학적 기법으로 해결할 수 있는 문제들을 모은 책이 등장했다. 가장 잘 알려진 것은 디오판토스(Diophantos)의 《산술》(250년경)인데, 하나 이상의 미지수가 있는 방정식을 어떤 식으로든 기하학적으로 해석하지 않고 순수하게 수치적으로 풀어냈다. 어떤 방정식에서는 정수인 해를 찾아내기도 했다. 오늘날에도 수학자들은 디오판토스 이러한 방정식을 연구하고 있다.

디오판토스는 무덤에서까지 후학들에게 수수께끼를 던졌다. "행인이여, 디오판토스가 이 돌 밑에 잠들어 있다. 아, 정말 놀라운 일이다! 과학이 그의 수명을 알려준다니. 신은 그에게 인생의 $\frac{1}{6}$ 동안 젊음을 누리게 해줬다. 그것에 $\frac{1}{12}$ 이 추가됐을 때, 검은 수염을 길렀다. 그 후 또 다른 $\frac{1}{7}$ 이 지나 결혼의 날이 찾아왔다. 그리고 5년 후, 자식이 태어났다. 아, 불쌍한 아이여. 아이는 아버지 나이의 절반밖에 안 되었을 때 죽음의 한기를 느꼈다. 그로부터 4년 후 디오판토스는 수학 연구의 지혜로 고통에 대한 위로를 얻었고, 이 지혜와 함께 세상을 떠났다. 그는 얼마나 살았을까?"

해답은 구하고자 하는 나이를 나눌 수 있느냐에 달려 있다. 계산을 제대로 하려면 나머지를 남기지 않고 6, 12, 7로 나눌 수 있어야 한다. 이것이 적용되는 가장 작은 숫자는 7×12＝84이고, 그다음은 168이다. 그런데 가능한 나이는 84세뿐이다. 디오판토스는 14세까지 젊음을 누렸고, 21세에 검은 수염을 길렀고, 33세에 결혼했고, 38세에 아버지가 됐으며, 80세에 아들이 세상을 떠났다.

디오판토스 이후 그리스 수학자들은 새로운 것을 거의 내놓지 못했다. 대신에 그들은 유클리드나 아르키메데스 같은 위대한 전문가들의 작품에 대해 논했다. 예를 들어, 최초의 여성 수학자 알렉산드리아의 히파티아(Hypatia)는 400년경 《원론》을 새로 편찬했다. 히파티아는 신플라톤주의 학파의 일원으로서 기독교를 반대했는데, 광신적인 기독교 신자들이 그녀를 이교적인 그리스 과학의 대표자로 여겨 잔인하게 살해했다.

로마인은 다음 몇 세기 동안 이집트와 지중해 전역에서 권력을 장악했다. 그들은 처음엔 과학을 지지했지만 수학에는 관심이 없었다. 그러한 이론적 접근 방식에 신경을 쓰는 대신, 무역과 전쟁의 실용성에 집중하는 것을 선호했다.

신흥 기독교 교회는 그리스 문화를 비난하며 수천 권의 이교도 교과서를 불태웠다. 529년 유스티니아누스 1세는 이교도와의 싸움에서 아테네 철학 학교를 폐쇄했다. 수학은 로마의 영향권에서는 더 이상 발전하지 않았지만, 세계의 다른 지역에서는 발전했다.

그러나 수학 쇠퇴에 대한 책임이 로마인에게만 있었던 것은 아니다. 그리스 학자들은 일반적으로 기하학에 기초해 연구 결과를 얻었고, 이로 인해 설명이 복잡해졌다. 그래서 그들의 책은 이해하기 어렵고 독학하기에 적합하지 않았다. 그들에겐 스승의 가르침이 필요했다. 전쟁의 혼란 속에서 학교가 오랫동안 문을 닫자 지식은 쉽게 사라졌고, 학교는 혼란 이전의 시점을 회복할 수 없었다.

아울러 그리스인은 아마도 철학적 문제이던, 수학에 대한 추가적인 한계에 직면했던 것 같다. 아리스토텔레스 이래로 그리스인은 우주 전체가 하나의 구체 안에 담겨 있다고 믿었다. 이로 인해 무한대의 개념이 알려지지 않았다. 또한 아마도 더 큰 결과를 가져올 무한소(無限小)의 개념도 드러나지 못했을 것이다. 18세기부터 비로소 학자들은 이 한계를 완전히 극복했다.

그리스인은 세계는 항상 존재해왔기 때문에 아무것도 존재하지 않는 시작점은 없다고 믿었다. 그들은 이전이 어땠을지 상상할 수도, 상상하고 싶어 하지도 않았다. 왜냐하면 무언가가 존재하기 전에는 무(無)밖에 없었을 것이기 때문이다. (무, 즉 없는 게 있다는 건 역설적이다. 빈 공간이라고 해도 그 공간을 채우는 무엇이 있어야 하므로 부적절하다─옮긴이.) 그리고 이러한 생각을 혐오스러워했다. 그래서 그리스인은 숫자 0조차 몰랐다. 0은 몇 세기 후에야 세상 끝 또 다른 곳에서 발명됐다.

고중세 시대

중세는 적어도 기독교 유럽에서는 수학의 암흑기이기도 했다. 고대 과학은 구원에 거의 기여하지 못한다고 믿었기 때문이다.

로마 제국 멸망 후 서구 세계는 경제적 쇠퇴와 정치적 혼란을 겪었다. 사람들의 이주로 인해 분열이 발생했다. 이는 지적 생활을 꽃피울 수 있는 안정적인 사회를 위한 여건이 부족하다는 걸 의미했다. 지식의 유일한 중심지는 수도원이었다. 그러나 이곳에서는 학문이 종교와 결합했고, 이것은 일반적으로 학문에 전혀 도움이 되지 않았다. 미신, 신에 대한 두려움과 수비학(數秘學)이 철학, 천문학, 수학을 대체했다. 예를 들어, 육안으로 볼 수 있는 움직이는 천체 7개, 즉 '떠도는 별(태양, 달, 수성, 금성, 화성, 목성, 토성)'은 일주일의 7일과 관련이 있다고 믿었다. 여기서 일요일과 월요일이라는 이름이 유래했다. 그리고 《성경》에 나오는 모든 숫자는 특별한 의미가 있는 것으로 해석했다.

당시 수학의 주요 무대는 이슬람 제국에 있었다.

유럽이 중세의 가장 어두운 시기에 갇혀 과학을 소홀히 여긴 반면, 이슬람 종교와 함께 아랍 지역에서는 학문이 번성했다. 무함마드가 메카에서 계시를 받은 지 불과 150년 만에 이슬람은 에스파냐에서 페르시아까지 뻗어나가는 종교 공동체로 성장했다. 이 이슬람 제국은 1000년 넘게 존속했다.

아랍 세계는 고대 그리스의 유산을 흡수했다. 학자들은 유클리드, 아르키메데스 등의 저서를 번역하고 그들의 과학을 더욱 발전시켰다. 오늘날의 대수학(Algebra)이나 알고리즘(Algorithm) 같은 용어가 이를 입증한다.

아랍인은 그리스인의 지식에 더해 인도인의 지식도 받아들였다. 인도에서는 수 세기 동안 수학이 발전해왔다. 5세기 이후 세계 역사상 가장 큰 히트작 중 하나인 10진법도 이곳에서 발전했다.

0의 발명

기원전 4세기에 알렉산드로스 대왕(기원전 356~기원전 323)은 페르시아에서 모집한 군대를 이끌고 동쪽으로 진군해 인도에 도착했다. 아마도 그를 수행한 과학자들이 바빌로니아의 수 체계를 동아시아 지역으로 가져갔을 것이다. 오늘날 우리와 마찬가지로 바빌로니아인은 숫자의 위치에 따라 자릿수에 다른 값을 부여했다.

그러나 바빌로니아인은 아직 0을 알지 못했다. 이로 인해 숫자 표기에 어려움이 생겼다. 그들은 현대 표기법의 1, 10, 100을 어떻게 구별했을까? 이 숫자들 사이의 유일한 차이점은 바빌로니아인이 10을 표현할 때 1을 조금 왼쪽으로 이동시키고, 100을 표현할 때는 조금 더 왼쪽으로 이동시켰다는 것이다. 그 때문에 오해가 생겼고, 바빌로니아 천문학자들은 자리 표시자 역할을 하는 이중 쐐기 모양의 기호를 도입했다. 그러나 0이라는 선구적인 기호를 만들지는 못했다. 그들은 분명 그걸 감히 생각하지도 않았을 것이다.

베다의 수

8세기에 베네딕트회 수도사 베다 베네라빌리스(Beda Venerabilis, 673~735)는 손가락으로 숫자 세기에 관한 책을 썼다. 손가락을 다르게 배열해 9000까지 센 것이다. 더 큰 숫자의 경우는 손가락을 신체의 다른 부위에 놓았다. 오늘날 우리의 방식과 달리 그는 손을 펴는 것부터 시작해서 원하는 숫자만큼 손가락을 구부렸다. 예를 들어, 2의 경우 손가락 3개를 펴고, 손가락 2개는 손바닥에 대는 식이다.

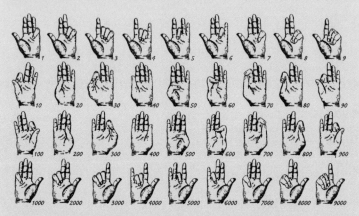

사람들은 아마도 항상 손가락으로 숫자를 표현했을 것이다. 수도사 베다 베네라빌리스는 중세 시대에 이 방식을 완성했다.

5세기경, 인도인은 새로운 숫자 체계를 도입했다. 바빌로니아의 자릿값 체계에 기반을 두었지만, 순수한 10진법 체계로서 훨씬 간단했다. 그것은 1, 2, 3, 4, 5, 6, 7, 8, 9, 0에 대한 10개의 추상적인 기호로 구성돼 있었고, 이로부터 오늘날의 숫자가 발전했다. 인도인은 때때로 13,475 같은 큰 숫자를 "하나, 셋, 넷, 일곱, 다섯"으로 읽었다. 이렇게 구두로 표현하는 자릿값 체계는 단순해 보일 수 있지만, 이에 필적할 만한 것이 그리스 고대 문화에서는 알려지지 않았다.

인도 계산 체계의 중요성은 아무리 강조해도 지나치지 않다. 영국의 천문학 교수 존 배로(John Barrow, 1952~2020)는 이것을 "지구상에서 이루어진 가장 성공적인 지적 혁신"이라고까지 평가했다. 오늘날 전 세계 사람들이 이 숫자들을 사용한다. 인도의 계산 체계는 어떤 유형의 문자나 언어보다 훨씬 더 널리 퍼져 있다.

인도인은 새로운 숫자로 계산하는 법을 빠르게 배웠다. 그리스인과 달리 그들은 숫자를 기하학에서 파생한 것으로 간주하지 않았다. 예컨대 곱셈할 때 그들은 즉각 직사각형을 생각하지 않았다. 제곱할 때도 기하학적인 정사각형을 생각하지 않았다. 숫자가 사물의 차원이나 수(數)에서 해방된 것이다. 숫자들은 스스로 일어서기 시작했다. 인도인은 숫자의 상호 관계를 가지고 놀았다. 그리하여 오늘날 우리가 대수학이라고 부르는 것을 발명했다. 그리고 거의 필연적으로 숫자 0에 이르렀다. 숫자에서 그 숫자 자체를 빼면 결국 무엇이 나올까?

그리스인은 무(無)에 대해 철학적 문제를 안고 있었기 때문에 아마도 0의 도입을 꺼렸을 것이다. 반면, 인도 힌두교에서는 무가 항상 중요한 역할을 해왔고, 그것이 0의 발명을 이끌었다.

이것 말고도 수학은 인도인에게 감사해야 할 게 또 있다. 바로 음수다. 그리스인처럼 기하학적으로 생각하는 사람은 $4-6$으로 아무것도 할 수 없다. 4에이커의 땅에서 6에이커의 땅을 뺀다는 것은 무엇을 의미할까? 음의 면적은 의미가 없다. 하지만 숫자가 독립적으로 있을 때는 다르다. 7세기 인도의 수학자이자 천문학자 브라흐마굽타(Brahmagupta, 598~668)는 음수를 포함한 산술 규칙을 정립했다. 그는 이미 플러스 곱하기 플러스는 마이너스 곱하기 마이너스처럼 플러스가 되고, 플러스 곱하기 마이너스는 마이너스 곱하기 플러스처럼 마이너스가 된다는 걸 알고 있었다. 유럽에서 음수를 포함한 산술 규칙을 확립한 것은 16세기 들어서였다.

산술의 대가, 붓다

인도의 신화와 민담에서는 수많은 존재가 광활한 공간과 유구한 시간 속을 항상 떠돌아다닌다. 붓다의 생애를 다룬 《방광대장엄경(Lalitavistara, 方廣大莊嚴經: 산스크리트어 제목은 '대규모(vistara) 놀이(lalita)'를 의미한다─옮긴이)》에 따르면, 그는 젊은 시절 고파(Gopa: 미래의 붓다 아내─옮긴이)의 손을 잡기 위해 경쟁을 벌였다. 레슬링·양궁·달리기·수영·글쓰기에서 라이벌들을 물리치고 나자 수학 문제가 나왔다. 1코티(koti: 1코티는 10,000,000. '코티'는 다양한 맥락에서 큰 숫자를 나타내는 데 쓰이는 산스크리트어에서 유래했다─옮긴이)보다 큰 수를 나열하라는 것이었다. 그런데 그다음에 오는 수가 앞의 수보다 100배 더 커야 했다. 붓다는 53개의 0이 있는 숫자 괴물 탈락차나(tallakchana)까지 손쉽게 불러냈다. 또한 그것만으로 충분하지 않은 듯 421개의 0이 있는 거인을 만들어냈다. 더 많은 계산을 거친 후, 붓다는 사랑하는 여인의 손만 잡은 게 아니다. 모든 학생의 꿈도 함께 이뤄졌다. 심사관은 이렇게 인정했다. "내가 아니라, 그대가 산술의 대가입니다."

또한 인도인은 이미 0을 다루는 규칙을 알고 있었다. 0을 더하거나 빼도 숫자는 변하지 않으며 0을 어떤 숫자에 곱하면 그 결과가 0이라는 것도 알았다. 한편, 숫자를 0으로 나누면 0이 된다고 믿은 브라흐마굽타는 0으로 나누는 데서 여전히 실수를 했다. 하지만 이는 나중에 바로잡혔다. 인도 수학자 바스카라(Bhaskara, 1114~1185)는 12세기에 이렇게 썼다. "분모가 0인 분수를 무한량(無限量)이라고 한다." 그리고 무한한 양이 무엇을 의미하는지 구체적으로 설명했다. "아무리 더하거나 빼도 변화가 없다. 무한하고 불변하는 신 안에서 아무것도 변하지 않는 것과 마찬가지다."

바스카라는 수학 외에 점성술에도 조예가 깊었다. 그는 딸 릴라바티 (Lilavati)가 바스카라 자신을 죽일 남자와 결혼할 운명임을 알게 됐다고 전해진다. 이 운명을 막기 위해 그는 딸에게 자신을 떠나지 말라고 명령했다. 그러곤 딸이 지루해하지 않도록 수학 교과서를 주었는데, 오늘날 이 책을 그녀의 이름을 따서 《릴라바티》라고 부른다. 여기엔 16세 여성 노예의 가치(약 소 8마리)에 대한 문제 외에 퍼즐로 구성한 피타고라스 정리의 증명도 포함되어 있다. 바스카라는 이 퍼즐 그림 밑에 한 단어를 써넣었다. "보라!"

진주 목걸이

인도인은 시를 좋아했다. 그들은 산술 문제를 시로 포장하는 것도 즐겼다. 예를 들면 다음과 같다.

시슬이 끊어졌어요,
두 연인이 놀고 있을 때.
그리고 진주 목걸이 한 줄이 풀렸어요.
6분의 1이 바닥에 떨어졌어요.
5분의 1은 침대에 남았어요.
3분의 1은 젊은 여성이 집어 올렸어요.
10분의 1은 애인이 찾았어요.
그리고 6개의 진주가 여전히 목걸이에 매달려 있어요.
지혜를 구하는 그대여,
얼마나 많은 진주가
연인의 목걸이에 있었나요?
물론 진주는 떨어져도 둘로 깨지지 않아요.

여기서 진주의 개수는 6, 5, 3, 10으로 나누어 떨어져야 한다. 이러한 성질을 가진 가장 작은 수, 즉 최소공배수는 30이다. 30의 6분의 1은 5, 5분의 1은 6, 3분의 1은 10, 10분의 1은 3이다. 30에서 이 숫자들을 빼면, 30−5−6−10−3=6이므로 여전히 꿰어져 있는 진주는 6개다.

체스의 발명

아랍의 전설에 따르면, 인도의 현자 시사(Sissa, 300년경)는 약 1800년 전 폭압적인 통치자 시흐람(Shihram)에게 신하들의 가치를 일깨워주기 위해 체스 경기를 발명했다고 한다. 실제로 시흐람은 체스 덕분에 온순해져서 체스 발명가의 소원을 들어줬다. 시사가 시흐람에게 요청한 것은 소박했다.

그는 쌀알을 달라고 했다. 체스판의 첫 번째 칸에는 1개, 두 번째 칸에는 2개, 세 번째 칸에는 4개, 다섯 번째 칸에는 8개⋯. 이런 식으로 64번째 칸까지 앞 칸보다 2배씩 많은 곡식을 달라고 한 것이다.

시흐람은 이 터무니없고 바보 같은 요청에 화를 냈지만, 어쨌든 자신의 약속을 지키기 위해 왕국의 곡물 창고에서 이 학자의 말대로 쌀을 내주라고 명령했다. 그런데 통치자에게 쌀이 충분하지 않다는 게 이내 밝혀졌다. 마지막 칸에만 2의 63제곱(2^{63}=9,223,372,036,854,775,808), 즉 900경 넘는 쌀알이 필요했기 때문이다. 이 정도 양을 실으려면 화물 열차로 적도를 5000바퀴나 돌아야 한다.

아라비아의 방정식

인도의 숫자들과 함께 0은 우회로를 통해 유럽에 전해졌다. 아랍 무역 사절단이 동아시아에서 중동으로 가져온 것이다. 이 숫자 체계를 오늘날 우리가 아라비아 숫자라고 말하는 이유다.

750년부터 압바스 왕조의 칼리프들은 평화와 번영의 시대를 일구며 바그다드를 '새로운 알렉산드리아'로 확장했다. 칼리프 알마문(al-Mamun)은 최고의 학자를 찾기 위해 전 세계에 정찰대를 파견했고, 도서관과 천문대를 설립했다. 그는 자신의 궁전을 자랑스럽게 '지혜의 집'이라고 부르며 자유로운 사상의 학교로 만들었다. 그곳에 초대받은 학자들은 그리스 고전을 번역하고 재창조했다. 아울러 인도, 페르시아, 메소포타미아의 저서에 대해서도 연구하고 토론했다. 지혜의 집에는 과학자 외에 시인과 음악가도 모여들었다.

아랍 수학자들은 그리스인의 과학성과 인도인의 계산 기술을 결합했다. 특히 삼각법(삼각형 연구)과 대수학에서 가장 큰 발전을 이뤘다. 그들은 대수적 수단을 활용해 기하학적 문제를 최초로 해결했으며, 기하학적 뿌리를 넘어 작업을 확장시켜나갔다.

800년경, 오늘날의 우즈베키스탄 지역에 있던 호라즘(Khorazm) 지방 출신의 무함마드 이븐 무사(Muhammad ibn Musa)라는 청년이 바그다드로 와서 곧 알콰리즈미(al-Khwarizmi, 780~850?: '대수학의 아버지'로 불린다—옮긴이)라는 이름의 수학자로 알려지기 시작했다. 그는 자신의 저서 《인도 숫자에 의한 계산》에서 10진법을 소개하며 더하고, 빼고, 곱하고,

나누는 방법에 대해 설명했다. 이 책의 중세 라틴어판은 "알콰리즈미가 말했다"라는 뜻의 "딕시트 알고리스미(Dixit Algorismi)"라는 단어로 시작된다. 따라서 현대에 이르기까지 인도-아라비아 숫자를 사용한 계산법을 알고리즘이라고 부른다.

알고리즘이라는 용어는 오늘날에도 컴퓨터과학에서 중심적 역할을 한다. 알고리즘은 동일한 단계를 서로 다른 초기 데이터로 여러 번 수행할 수 있는

소련 우정국은 1983년 수학자 알콰리즈미를 기리기 위해 우표를 발행했다.

프로세스를 의미한다. 예를 들면, 숫자를 반복적으로 곱한 다음 더하는, 여러 자리 숫자의 서면 곱셈('필기 곱셈'이라고도 한다―옮긴이)이 있다.

알콰리즈미는 0을 작은 원으로 적었다. 왜 이 숫자를 오늘날까지 이렇게 표기하는지는 단지 추측만 할 수 있을 뿐이다. 가장 그럴듯한 설명은 모래 위에서 계산을 한 데서 비롯했다는 것이다. 많은 고대 문화권에서는 주판과 비슷한 방식으로 돌을 놓고 그걸 움직여 계산하는 방법을 사용했다. 돌을 제거하면 움푹 들어간 작은 자국이 남는데, 그것이 0이라는 기호의 모델이었을 수 있다.

알콰리즈미는 0을 '아스-시프르(as-sifr)'라고 불렀다. 독일어로 '빈 공간'을 의미한다. 심지어 18세기에도 독일 수학자들은 0이라는 숫자를 '시프라(cifra)'라고 명명했다. 영어와 프랑스어에서는 'zero'라는 단어가

어원 그대로 남아 있다. 독일어에서는 숫자를 뜻하는 'Ziffer'에서 그 흔적을 찾을 수 있다.

알콰리즈미의 가장 중요한 업적은 《완성과 균형에 의한 계산 방법》이라는 수학 교과서를 펴낸 데 있다. 이 제목의 '완성(아랍어로 al-gabr)'에서 대수학(Algebra)이라는 이름이 유래했으며, 이 용어는 14세기 유럽에서 처음 등장한 방정식 이론을 의미했다. 여러 차례 라틴어로 번역된 이 책의 본문 대부분은 건설·무역·천문학과 복잡한 이슬람 계승법에 따른 유산 분할 등 당시 일상생활의 실용적인 문제를 다루었다. 또한 알콰리즈미는 선형(線形) 방정식과 2차 방정식을 푸는 방법을 가르쳤다. '선형'이란 오늘날의 용어로 'x'라는 미지수가 1차수만 발생한다는 뜻이다. 반면, 2차 방정식은 미지수의 제곱, 즉 2차수를 허용한다.

이 페르시아 수학자는 전적으로 구두로만 모든 걸 설명했다. 숫자에 기호도 사용하지 않았다. 그럼에도 단순한 숫자, '샤이(shay: 독일어로는 '사물'을 뜻한다)'라고 부르는 미지수, 그리고 미지수의 제곱 사이의 차이를 구분했다. 그에게 방정식 $x^2 + 2x = 3$은 "어떤 것의 제곱에 그 배를 더하면 3이 된다"는 의미였다.

알콰리즈미는 6가지 서로 다른 기본 형태의 방정식을 구분했다. (2차 방정식의 해를 구하는 방식으로 제곱·근·수의 관계에 따라 6가지를 설명했다—옮긴이.) 보충해서 완성하고 균형 맞추기, 즉 방정식의 양쪽에서 적절한 숫자 또는 미지수의 배수를 더하거나 빼는 방식으로 답을 구했다. 오늘날에도 모든 학생은 이런 방식으로 계산하는 법을 배운다.

아랍 학자들은 2차 방정식을 다룰 때 오늘날에도 여전히 사용되는 방식인, 2차 제곱식 완성 후 제곱근을 구하는 방법을 활용했다. 예를 들어, 방정식 $x^2 + 2x = 3$에서는 양변에 제곱근을 취해도 아무런 의미가 없다. 왜냐하면 $x^2 + 2x$의 제곱근은 x에 대한 정보를 제공하지 않기 때문이다. 따라서 알콰리즈미는 양변에 각각 1을 더해서 $x^2 + 2x + 1 = 4$를 얻는다. 그 비결은 왼쪽 변을 $(x + 1)^2$으로 쓸 수 있다는 데 있다. $(x + 1)^2 = (x + 1) \times (x + 1) = x^2 + x + x + 1 = x^2 + 2x + 1$이기 때문이다. 이 방정식은 $(x + 1)^2 = 4$다. 이제 알콰리즈미는 근을 취하고 $x + 1 = 2$를 도출해낸다. 그런 다음 1을 오른쪽으로 이동하고, $x = 2 - 1 = 1$이라는 해를 구한다. 당시 아랍인은 양수로만 계산했다. 그래서 방정식의 두 번째 해, 곧 $x = -3$은 무시했다.

알콰리즈미는 2차 방정식에 대해 순수한 대수적 해법을 제시했을 뿐만 아니라 기하학적 방법으로도 이를 증명했다.

과학의 뿌리

다음은 약 1000년 전의 아랍 서적 《서한들(Die Epistein)》에 나오는 구절이다. "숫자의 과학은 모든 학문의 뿌리이자 지혜의 토대이며 지식의 원천이자 의미의 기둥이다. 그것은 최초의 영약이자 위대한 철학자의 돌이다."

낙타의 수학

한 아랍 상인이 장남에게 자기 낙타 절반을, 차남에게 3분의 1을, 막내에게 9분의 1을 물려준다는 유언장을 남겼다. 안타깝게도 상인은 사망 당시 정확히 17마리의 낙타를 보유하고 있었다. 아들들이 어떻게 낙타를 도살하지 않고 유산을 나눌 수 있을까?

알라께 감사하게도 다행히 유언을 집행한 공증인은 영리한 사람이었다. 그는 고인의 낙타 17마리에 자신의 낙타 1마리를 추가했다. 아들들은 여기에 이의를 제기하지 않았다. 그 덕분에 더 풍부한 유산을 기대할 수 있었기 때문이다. 형제들은 18마리의 낙타를 어렵지 않게 나눴다. 장남은 절반인 9마리, 차남은 3분의 1인 6마리, 막내는 마지막으로 9분의 1인 2마리를 받았다. $9+6+2=17$이므로 1마리가 남았고, 공증인은 이를 다시 가져갔다.

수학적으로 이 퍼즐은 죽은 아랍 상인의 산술 능력 부족에 기반을 두고 있다. 왜냐하면 $\frac{1}{2}+\frac{1}{3}+\frac{1}{9}$은 전체의 합보다 약간 작기 때문이다. 모든 학생이 알고 있듯 분수를 더할 때는 공통분모, 즉 이른바 최소공배수를 찾아야 한다.

$$\frac{1}{2}+\frac{1}{3}+\frac{1}{9}=\frac{9}{18}+\frac{6}{18}+\frac{2}{18}=\frac{9+6+2}{18}=\frac{17}{18}$$

공증인은 자신의 낙타 1마리를 추가함으로써 동물을 하나도 해치지 않고 각자의 몫을 나눠줄 수 있었다. 그리고 상속인들에게 17마리만 분배하고 자신의 낙타는 그대로 가져갔다.

알콰리즈미가 선형 방정식과 1·2차 방정식을 종합적으로 다룬 후, 그의 후계자들은 3차 방정식(세제곱 방정식)을 연구했다. 즉, 미지수가 3차

수(3제곱)로 나타나는 방정식이다. 오늘날 시인으로 잘 알려진 오마르 하이얌(Omar Khayyām, 1048?~1131)은 이 분야의 선구자였다. 18년 동안 이스파한(Isfahan: 지금의 이란 중부에 있는 도시-옮긴이)에서 천문대를 이끈 그는 불안정한 삶을 살았다. 정치적 이유로 여러 번 추방당하기도 했다. 그는 사마르칸트(Samarkand: 지금의 우즈베키스탄에 있는 도시-옮긴이)에서 3차 방정식에 관한 논문을 썼다.

하이얌은 14가지 다른 유형의 세제곱 방정식을 구별했으며, 이를 원뿔 곡선으로 풀었다. 고대 그리스인도 일찍이 원뿔 곡선을 연구했다. 이는 오늘날 도로 교통을 차단할 때 사용하는 원뿔 모양의 기하학적 도형을 평면으로 자를 경우 생기는 곡선을 말한다. 원뿔에 대한 평면의 각도에 따라 원, 포물선, 타원 또는 쌍곡선이 만들어진다. 예를 들어, 특정한 세제곱 방정식은 적절하게 이뤄진 원과 포물선의 교차점을 구함으로써 해결할 수 있다.

하이얌은 3차 방정식에 해가 여러 개일 수 있다는 사실을 최초로 인식했다. 그러나 2차 방정식처럼 수치적 방법만으로 방정식을 푸는 데는 성공하지 못했다. 그는 "우리 뒤에 올 사람 중 누군가는 이 일을 해낼 수 있길 바란다"고 말했다. 하지만 그런 일은 그가 죽고 400년이 지나서야 일어났다.

종교적 동기를 띤 수학

무슬림은 하루에 다섯 번 무릎을 꿇고 메카를 향해 절하며 기도하는 것으로 알려져 있다. 어떤 사람들에게 이는 이성적이고 기술적인 현대 사회에서 시대에 뒤떨어진 것처럼 보일 수도 있다. 하지만 지난 수 세기 동안 수학의 발전을 촉진한 것은 바로 이러한 의식이었다. 8세기부터 이슬람 학자들은 어느 위치에서든 메카의 방향인 키블라(Qibla)를 정확하게 파악할 수 있는 정교한 방법을 개발했다. 일부 유럽인이 여전히 지구가 평평하다고 생각하던 시절에 그들은 이미 지구의 곡률을 계산할 수 있었다. 결국에는 예배자뿐만 아니라 모스크, 심지어 모로코의 타자(Taza)나 카이로 같은 도시 전체가 키블라에 맞춰 정렬되었다.

이슬람 학자들은 그리스인으로부터 수학적 지리학, 특히 다양한 장소의 경도와 위도를 열거한 목록을 받아들였다. 9세기 초에 그들은 신성한 방향을 계산하기 위해 메카와 바그다드의 좌표를 가능한 한 정확하게 알아내려고 노력했다. 11세기에 아부 알라이한 알비루니(Abu al-Rayhan al-Biruni, 973~1048)는 지금의 아프가니스탄 가즈나(Ghazna)에서 키블라를 찾으라는 명령을 받기도 했다. 이후 대부분의 모스크에서는 사분면, 해시계, 별의 위치를 관측하는 도구인 아스트롤라베(astrolabe)에 익숙한 전문 천문학자를 고용했다.

지리적 데이터를 알고 있으면, 구(球) 표면상 삼각형의 각도와 관련된 수학인 구면(球面) 삼각법이나 평면에 대한 투영을 사용해 키블라를 계산해낼 수 있다. 정확한 해를 구하는 공식은 다소 복잡하다.

$$q = \cot^{-1}\left(\frac{\sin a \times \cos c - \cos a \times \tan b}{\sin c}\right)$$

q는 키블라, a는 해당 위치의 위도, b는 메카의 위도, c는 경도의 차이, sin은 사인, cos는 코사인, $\cot^{-1}$은 코탄젠트의 역함수를 의미한다.

이슬람 천문학자들은 이런 식으로 공식을 기록하지는 않았지만, 접근 방식은 수학적으로 동일했다. 그들은 삼각함수 중 인도인의 사인과 코사인을 채택했고, 탄젠트와 코탄젠트는 직접 개발했다.

아랍 수학자들은 기도 방향 외에도 이슬람 달력에서 새로운 달의 시작을 정확히 결정해야 했다. 이는 항상 보름달이 지난 후 초승달이 나타날 때 시작된다. 또한 이를 위해서는 정확한 사인값의 표, 즉 주어진 각도를 가진 삼각형의 변 길이 비율이 필요했다. 사마르칸트의 관측소를 이끌었던 잠시드 알카시(Jamshid al-Kasi, 1380?~1429?)는 이 분야에서 탁월한 성과를 거두었다.

알카시는 자신이 소수점으로 표현되는 숫자를 발명했다고 여겼다. 즉, 분모가 10의 거듭제곱꼴로 된 분수인 소수(小數)를 창안했다고 믿었다. 실제로 알카시는 적어도 이러한 형태로 숫자를 표현한 최초의 사람 중 한 명이었다. 그는 각의 3등분에서 나타나는 3차 방정식을 이용해 사인 1도를 소수점 이하 16번째 자리까지 정확히 구했다(sin 1°로 표시). (숫자로 표시하면 0.0174524064372835…이다―옮긴이.) 그런 다음 고정 비율을 사용해 다른 값을 계산했다. 200년 후에 요하네스 케플러(Johannes Kepler, 1571~1630)도 비슷한 방법을 사용했다.

중세 말기 시대

화폐 경제가 점점 물물교환을 대체하면서 수학의 도움을 통해서만 해결할 수 있는 많은 과제가 생겨났다. 당시 일반적으로 사용되던 다양한 길이, 부피 및 무게 간의 전환을 어떻게 극복할까? 한 통화에서 다른 통화로 어떻게 변환할까? 언제든지 추적하고 확인할 수 있는 올바른 회계란 무엇일까? 판매자는 금융 거래에 대한 이자와 복리를 계산하기 위해 어떤 방법을 사용할 수 있을까?

먼 나라로의 항해는 더욱 정밀한 항법을 필요로 했으며, 이는 오직 개선된 수학적 도구를 통해서만 가능했다. 그리고 운하와 수문의 건설은 수력 기술의 문제를 야기했다.

이러한 문제 중 어느 것도 로마 숫자와 중세 미신으로 해결할 수 없었다. 수학은 교회 학문의 교육적 요소라는 역할을 벗어나 그리스인과 아랍인의 토대를 통해 유럽에서 계속 발전하기 시작했다.

아라비아 숫자

아랍의 수학을 기독교 유럽에 최초로 전파한 사람 중 한 명은 에스파냐에 있는 세비야와 코르도바의 이슬람 대학에서 공부한 프랑스 성직자 오리야크의 제르베르(Gerbert d'Aurillac, 945?~1003)였다. 나중에 프랑스 도시 랭스(Reims)에서 학생들에게 아라비아 숫자를 가르친 그는 종이가 아니라 일종의 주판으로 계산을 수행했다. 그 주판의 계산 돌에는 아라비아 숫자가 적혀 있었는데, 0은 없었다. 제르베르는 999년 교황 실베스테르 2세로 즉위했는데, 그럼에도 여전히 아라비아 숫자는 정착되지 못했다.

에스파냐에서는 학자들이 이슬람 수학자들의 저서를 점점 더 많이 번역했다. 이를 통해 유럽은 고대 그리스인과 더불어 아랍인·인도인의 글도 재발견했다. 그라나다 술탄국은 과학과 예술의 대도시로 새롭게 떠올랐다. 1492년 가톨릭교도가 도시를 정복해 유대인과 무어인을 추방할 때까지 기독교인·유대인·무슬림은 자유주의적인 이슬람 통치 아래에서 성공적으로 공존했다.

그럼에도 불구하고 아라비아 숫자가 유럽으로 퍼진 것은 이탈리아를 통해서였다. 급성장하는 자본주의가 가장 발달한 곳이었기 때문이다. 오늘날에도 잔고, 할인, 계정, 파산, 신용, 외화 등 이탈리아어에서 유래한 용어가 여전히 금융 세계를 지배하고 있다.

피사의 레오나르도(Leonardo von Pisa, 1180?~1241)는 피보나치(Fibonacci)로 더 잘 알려져 있다. 보나치오(Bonaccio: 독일어로 '선량한 사람'이라는 뜻)의 아들인 그는 10대 때 아버지와 함께 지금의 알제리에 해당하는 베자이아(Bejaia)로 갔다. 아버지가 그곳에서 피사 출신 상인을 위한 공중인으로 일하는 동안, 그는 아랍 사업가들이 수량·무게·치수 및 가격을 얼마나 빨리 계산하는지를 보고 깊은 인상을 받았다. 이 계산 기술을 배우기로 맘먹은 그는 유클리드의 《원론》을 공부한 후, 대표작인 《산술의 책》, 즉 《리베르 아바치(Liber abbaci)》를 썼다. 제목이 다소 오해의 소지가 있긴 하지만, 근본적으로 이것은 주판에 대한 책이 아니다. 오히려 피보나치는 아라비아 숫자를 사용해 서면 계산 방법, 제곱근 추출 방법, 비례법(삼단 계산: 예를 들면, $3:4=x:12$에서 x를 구하는 방법─옮긴이)을 활용해 방정식 푸는 방법 그리고 수많은 텍스트 문제 풀이를 설명한다.

예를 들면 다음과 같다. 어떤 사람이 7개의 문이 있는 과수원을 방문했는데, 거기에서 일정한 수의 사과를 받았다. 과수원을 나갈 때 그는 모든 사과의 절반과 1개를 첫 번째 경비원에게 주고, 나머지 사과의 절반과 1개는 두 번째 경비원에게 주었다. 다른 5명의 경비원에게도 이런 방식으로 주었다면 처음에 그가 받은 사과는 몇 개였을까?

뒤에서부터 풀어보자. 마지막 문 앞에서 과수원 방문객은 사과 4개를 가지고 있었고, 그중 절반과 하나를 경비원에게 주었다고 치자. 즉, 2＋1＝3이다. 나머지는 1개다. 그렇다면 여섯 번째 문 앞에서 그는 사과 10개를 가지고 있었다. 왜냐하면 절반(5)과 1개를 빼면 4개만 남기 때문이다. 다섯 번째 문 앞에서는 22개가 있었을 것이다. 22－11－1＝10이기 때문이다. 네 번째 문 앞에서는 46개(46－23－1＝22), 세 번째 문 앞에서는 94개(94－47－1＝46), 두 번째 문 앞에서는 190개(190－95－1＝94), 첫 번째 문 앞에서는 382개가 있었을 것이다. 왜냐하면 382－191－1＝190이기 때문이다. 따라서 과수원 방문객이 원래 가졌던 사과는 382개다.

피보나치는 오늘날 '토끼'로 유명하다. 《리베르 아바치》에서 그는 토끼가 얼마나 빨리 번식할 수 있는지를 계산했다. 그는 토끼 1쌍이 죽기 전에 다음 세대의 토끼 1쌍과 그다음 세대의 토끼 1쌍을 낳는다고 가정했다. 조상인 1쌍의 토끼로 시작하면 2세대에는 1쌍이 태어나고, 3세대에는 원래 조상인 토끼 1쌍과 그 자식으로부터 1쌍, 총 2쌍이 태어난다. 4세대에는 이미 3쌍이 태어나 있다. 2쌍은 조상의 자식으로부터, 1쌍은 손주로부터 태어난다. 다섯 번째 세대에는 5쌍이 태어나고 여섯 번째에는 8쌍, 일곱 번째에는 이미 13쌍, 여덟 번째에는 21쌍이 태어난다.

각 세대에서 태어나는 토끼의 쌍은 이전 두 세대의 합과 같다. 이러한 수학적 법칙을 사용하면 이른바 피보나치수열을 쉽게 계산할 수 있다. 1, 1, 2, 3, 5, 8, 13, 21, 34, 55, 89, 144, 233, 377, …. 실제로 동물들은 이 토끼처럼 번식한다.

토끼 계산이 다소 인위적으로 보일지라도 피보나치 수들은 꽃잎 같은 자연에서도 자주 발생한다. 예를 들어, 대부분의 데이지에는 꽃잎이 34개, 55개 또는 89개 있다. 과학자들은 몇 년 전에야 그 이유를 알아냈는데, 그것은 꽃의 발달과 관련이 있었다.

피보나치수열에도 놀라운 상관관계가 있다. 즉, 연속된 두 숫자의 몫을 계산하면 숫자가 커질수록 점점 더 황금비에 가까워진다.

$$\frac{1+\sqrt{5}}{2} = 1.61803398\cdots$$

$\frac{13}{8} = 1.625$, $\frac{21}{13} = 1.61538\cdots$, $\frac{34}{21} = 1.61904\cdots$, $\frac{89}{55} = 1.61818\cdots$, $\frac{144}{89} = 1.61977\cdots$, $\frac{233}{144} = 1.61805\cdots$

100을 위해

고대 이집트인은 이미 백분율을 사용했다. 파피루스 두루마리에는 '100 중의 5' 같은 표현, 즉 현대 철자법으로 하면 5퍼센트라는 표현이 등장한다. 중세 말, 처음에는 이탈리아에서, 그다음에는 독일에서 상인들이 100을 의미하는 '프로 센토(pro cento)'라는 용어를 점점 더 많이 사용하기 시작했다. 프로 센토는 독일어로 '100을 위해'라는 뜻이다.

그러나 오늘날의 % 기호는 나중에 약어 'p cto'에서 나온 것이다. 수 세기에 걸쳐 c는 위쪽 동그라미, t는 사선으로 바뀌었다.

다시 아라비아 숫자로 돌아가 보자. 피보나치의 책에도 불구하고 아라비아 숫자는 로마 숫자에 비해 겨우겨우 보급됐을 뿐이다. 그런데도 산술의 장점은 엄청났다. 예를 들어 453＋619를 계산하려면, 오늘날 모든 어린이가 초등학교에서 배우는 것처럼 숫자를 하나씩 아래에 적고 한 자릿수씩 더하면 된다.

$$\begin{array}{r} 453 \\ \underline{619} \\ 1{,}072 \end{array}$$

로마 숫자에는 이것이 적용되지 않는다.

$$\begin{array}{l} \text{CDLIII} \\ \underline{\text{DCXIX}} \\ \text{???????} \end{array}$$

〔C＝100, D＝500, L＝50, III＝3. 로마 숫자 계산에서는 큰 값의 문자(D)가 작은 값의 문자(C)보다 앞에 나오면 둘을 더한다. 반대일 때에는 뺀다. 위의 경우, C가 D보다 앞에 있으므로 500－100＝400이다. 따라서 CDLIII＝453이다. D＝500, C＝100, X＝10, IX＝9는 모두 더해야 하므로 DCXIX＝619다―옮긴이.〕

로마 숫자 덧셈의 정답(MLXXII: M＝1,000, L＝50, X＝10, X＝10, II＝2―옮긴이)을 이런 식으로 찾을 수는 없다. 개별 열은 아무런 의미도 없다. 다른 방식으로 숫자를 더하고, 마지막에 로마 숫자로 다시 적어야 한다. 아라비아 숫자를 모른다면 주판이나 계산판을 사용하는 것이 가장 좋다.

　로마 숫자 체계는 덧셈과 뺄셈에서 이미 실패했다. 곱셈과 나눗셈은 어려운 정신노동일 뿐이다. 반면, 자릿값 체계는 많은 작업을 대신 해준다.

따라서 유럽 상인이 아랍 산술을 열정적으로 채택하지 않은 것은 매우 놀라운 일이다. 피렌체에서는 오랫동안 계약서와 문서에 새로운 숫자를 허용하지 않았다. 1299년에는 아라비아 숫자의 사용을 금지하는 법이 통과되기도 했다. 북유럽에서는 16세기 후반에야 대부분의 상인이 아라비아 숫자를 채택했다.

이는 시민 계급의 보수적인 태도 때문만이 아니었다. 위조에 대한 두려움도 있었다. 공증인과 상인들은 사기를 방지하기 위해 로마 숫자를 썼다. 예를 들어, 2를 의미할 경우 II가 아닌 IJ는 아무도 다르게 그릴 수 없었다. (로마 숫자는 기본적으로 I: 1, V: 5, X: 10, L: 50, C: 100, D: 500, M: 1,000으로 썼다. 중세에는 뒤쪽에 붙인 J가 1을 의미하기도 했다—옮긴이.) 또한 모든 로마 숫자에 단순히 문자를 더해 더 큰 숫자를 만들 수도 없다. 반면, 아라비아 숫자에 0을 더하는 것보다 더 쉬운 일은 없다.

두 숫자 체계의 지지자들 간 경쟁은 그걸 쓰는 방법뿐만 아니라 숫자로 어떻게 작업하는지에 관한 것이기도 했다. 어떤 사람들은 주판과 계산판을 맹신했고, 다른 사람들은 인도-아라비아 스타일의 서면 계산을 선호했다. 주판은 글을 읽거나 쓸 수 없는 동시대 사람들도 사용할 수 있었다. 1000년이 넘는 전통도 주판의 장점으로 작용했다. 반면, 0의 사용에 익숙해지는 데는 시간이 좀 걸렸다. 많은 사람이 '아무것도 없다'는 의미의 기호를 사용하는 걸 받아들이지 못했다. 게다가 이 '아무것도 없다'는 0이 그 위치에 따라 다른 숫자들의 값을 좌지우지했다. 일부

서면 계산이 주판을 압도하는 데는 수 세기가 걸렸다.

교회 지도자들은 비기독교 문화권에서 온 아라비아 숫자를 이교도 심지어 악마의 작품이라며 거부하기도 했다.

한편, 주판에서는 최종 결과만 읽을 수 있었던 반면, 서면 계산을 할 경우에는 중간 과정을 그대로 유지할 수 있었다. 따라서 상인들은 아라비아 숫자를 사용해 장부를 더 잘 관리할 수 있었다. 이러한 이유와 15세기 중반의 인쇄술 발명으로 종이가 점점 더 널리 보급되고 가격이 저렴해지면서 결국에는 서면 계산이 우세해졌다.

르네상스 시대

1596년	뤼돌프 판 쾰런, 원주율 π를 소수점 이하 35자리까지 구함
1591년	비에타, 최초로 문자를 이용한 계산 시작
1611년	요하네스 케플러, 천문학자들이 더 빠르게 계산할 수 있도록 로그표 발표
1614년	교황, 코페르니쿠스의 교리 금지
1617년	존 네이피어, 소수점 도입
1618년	'프라하 창문 투척'으로 30년 전쟁 발발.
1623년	빌헬름 시크하르트, 최초의 계산기 제작
1633년	종교 재판소, 갈릴레오 갈릴레이 단죄
1635년	데카르트, 기하학에 관한 부록과 함께 대표작 《방법서설》 발표

중세 시대에는 기독교 신앙이 교육의 유일한 기반이었다. 교육은 주로 수도원에서 이뤄졌으며, 신학적인 문제가 관심을 끌었다. 르네상스 시대(대략 1400~1630)에 유럽은 깨어나기 시작했다. 비판적인 사람들은 교회의 전능성에 의문을 제기했다. 이에 대응하는 모델로 왕실 궁정에서 학생들을 모은 학자들은 고대 그리스의 작품을 연구하고 번역했다. 그들은 또한 점점 더 실용적인 문제에 관심을 기울였다. 그러나 새로운 아이디어는 처음에 천천히 퍼졌다. 과학자는 대부분 자신의 발견을 질투심에 사로잡혀 고이 간직하는 외톨이들이었다. 요하네스 구텐베르크가 1445년에 인쇄기를 발명한 후에도 최초의 수학 작품이 인쇄되기까지 수십 년이 걸렸다.

점차 많은 도시에서 교회로부터 독립된 사립 학교들이 생겨났다. 수학은 비즈니스·항해·예술 분야에서 점점 더 많이 활용됐다. 유럽은 새로운 국가를 발견하고 새로운 시장을 개척하는 위대한 항해를 통해 세계를 바라보게 되었다. 항해와 무역에는 어려움이 있었다. 선원들에겐 정확한 지도가 필요했고, 상인들은 효율적인 장부가 요긴했다. 천문학자들은 망원경으로 행성과 별을 관측하고 그 움직임을 이해하기 위한 새로운 접근법을 개발했다. 그들은 지구 중심 세계관을 버리고 태양 중심 세계관을 채택했다. 이를 위해 이전에는 알려지지 않은 수단을 이용해 광범위한 계산을 수행해야 했다. 그리고 마지막으로 군대도 수학에 의존했다. 그들은 포탄의 비행 궤적을 계산하고, 반대로 가장 큰 대포알에도 견딜 수 있는 요새를 설계했다.

이와 관련된 중요한 기여는 종종 지적인 엘리트가 아니라 장인과 상인 그리고 수학 아마추어들로부터 비롯되었다. 고대나 근대와는 근본적으로 달랐다.

산술의 대가

급성장하는 자본주의 시대에는 시장에서 물건을 사거나 돈을 빌리는 등 일상생활 속에서 점점 더 많은 계산이 요구되었다. 이로 인해 계산 전문가, 즉 '산술의 대가'라는 새로운 직업이 등장했다. 그들은 종종 지방 정부의 의뢰를 받아 도시 회계를 처리했다. 또한 자체 학교를 운영하며 수수료를 받고 구매, 교환, 화폐 거래에서 숫자 다루는 방법과 그에 따른 응용을 가르쳤다. 계산 전문가들은 보통 주판을 이용한 산술, 펜과 종이를 이용한 산술을 모두 가르쳤다. 산술의 대가들은 당시 과학계의 관습처럼 라틴어 교과서를 쓰지 않고 각 나라의 언어를 사용했다. 이런 소책자는 《성경》, 달력, 정치 서적과 함께 인쇄술 발명 이후 처음으로 제작된 책들 중 하나였다. 당시로서는 놀라울 정도로 많은 인쇄 부수를 기록하며 널리 배포되기도 했다.

독일에서 가장 유명한 산술의 대가는 밤베르크(Bamberg) 인근 바트슈타펠슈타인(Bad Staffelstein) 출신의 아담 리스(Adam Ries, 1492~1559)였다. 그는 수학적 계산 규칙을 올바르게 거쳤을 때 속담처럼 쓰이는 표현인 "아담 리스에 따르면"이라는 명성을 얻었다. 하지만 오늘날 그에 대해서는 작센의 아나베르크(Annaberg)에서 일했고 적어도 8명의 자녀를 두었다는 것 외에 알려진 게 거의 없다. 그러나 그의 산술 서적들은 여러 번 재인쇄되어 수 세기 동안 살아남았다.

독일에서 단 한 곳의 대학만이 나눗셈을 가르치던 시절, 리스는 지식 엘리트가 아닌 모든 사람을 위한 책을 썼다. 일반인에게 산수를 가르치고 싶어 했는데, 이는 거의 혁명적인 접근 방식이었다. 17세기에도 대학에서 나눗셈은 여전히 학생들에게 큰 도전인 과목으로 여겨졌기 때문이다.

산술의 대가를 기리기 위해 오늘날에도 많은 사람이 "아담 리스에 따르면"이라고 말한다.

리스와 동료들은 방정식에서 미지수를 이탈리아어 '코사(cosa: '물건'이나 '일'이라는 뜻)'에서 따온 '코스(Coß)'로, 그 제곱을 '켄주스(Census)'로 불렀다. 또한 처음으로 약어를 사용해 계산을 더 짧고 명확하게 만들었다. 덧셈과 뺄셈에는 ＋와 －를, 제곱근에는 $\sqrt{}$ 기호를 도입했다. 음수도 처음으로 등장해 부채(負責)로 해석했다. 이러한 발전은 오늘날 '독일식 코스(die deutsche Coß)'로 알려져 있다.

어려운 작업

아르키메데스는 일찍이 원 안을 점점 더 채우는 다각형을 구성해 원주율 π의 대략적인 값을 알아낸 바 있다. 그 후 산술의 대가 뤼돌프 판 쾰런(Ludolph van Ceulen, 1540~1610)은 이 분야에서 최고의 경지에 이르렀다. 그는 원의 대략적인 둘레를 400경 개가 넘는, 정확히 말하면 2^{62}(4,611,686,018,427,387,904—옮긴이)개의 변을 가진 다각형의 둘레로 계산했다. 30년 넘게 걸린 이 힘든 작업을 통해 그는 소수점 이하 35번째 자리(3.14159265358979323846264338327950288…—옮긴이)까지 π를 구했다. 이로써 페르시아 수학자(잠시드 알카시는 소수점 16자리까지 π를 구했다—옮긴이)가 세운 이전 최고 기록을 19자리나 뛰어넘었는데, 루돌프는 이러한 자신의 업적을 매우 자랑스러워해 묘비에 그 결괏값을 새겼다.

오늘날 수학자들은 컴퓨터를 사용해 소수점 이하 1조 자리 이상의 π를 계산해냈다. 이를 모두 적으면 수십만 권의 책으로 도서관을 가득 채울 수 있을 것이다. 하지만 이런 결과조차도 실제 값의 근사치일 뿐이다. 어쨌든 19세기까지 '루돌프의 수'라고 불렸던 원주율 π는 어떤 패턴도 따르지 않는 무한한 소수 자릿수를 지닌다. 따라서 과학자가 아무리 정밀하게 측정하더라도 그들의 연구는 항상 단편적인 수준에 머물 수밖에 없다.

수도사의 숫자

수백 년 전에도 도서관의 장서가 점점 늘어나는 게 문제였다. 원고에 더 쉽게 접근할 수 있도록 필사본에 번호를 매겨야 했다. 하지만 오늘날 사용하는 아라비아 숫자는 유럽에 11세기부터 도입되기 시작했으며, 그마저도 속도가 매우 느렸다. 게다가 로마 숫자는 제한된 범위에서 큰 숫자에만 적합했다. 예를 들어, 숫자 888에는 DCCCLXXXVIII처럼 12자가 필요했다. 이에 중세 시대의 수도사는 그들만의 숫자 체계를 발명했다. 각 숫자마다 별도의 숫자를 사용한 것이다.

13세기 초 베이싱스토크의 존(John of Basingstoke, 1170?~1252: 줄여서 '존 베이싱'이라고도 한다—옮긴이)은 영국에서 간단한 시스템을 도입했다. 당시에는 전문가들만이 아라비아 숫자를 알고 있었는데, 1과 99 사이의 모든 숫자를 하나의 기호로 나타낸 것이다. 그는 수직 모양의 기준 막대기를 이용했다. 막대기를 기준으로 왼쪽 1의 자리 숫자와 오른쪽 10의 자리 숫자를 위해 서로 다른 높이와 각도로 작은 선들을 추가했다. 1의 경우, 기준 막대기 꼭대기 가지에서 시작해 왼쪽 사선으로 위쪽을 향한다. 2는 1이 시작된 곳에서 수평으로 놓인다. 3은 그 아래쪽을 향한다. 4, 5, 6은 기준 막대기 중앙에서 각각 대각선 위쪽, 수평, 대각선 아래쪽 선에 해당한다. 7, 8, 9는 기준 막대기 바닥에서 고정된 가지 형태로 표현한다. 기준 막대기에서 오른쪽 사선으로 뻗은 가지는 10을 나타낸다. 예를 들어, 직립 모양의 십자(+)는 55로 읽는데, 왼쪽 선은 5, 오른쪽 선은 50을 의미한다. 베이싱스토크의 동시대 전기 작가 매슈 패리스

(Matthew Paris, 1199~1259)는 이 수도사가 아테네에서 그러한 숫자를 발견했다고 기록했다. 그러나 고대나 중세 시대의 그리스인이 숫자 기호를 알았다는 증거는 없다. 다만, 그 모양이 아크로폴리스 근처 석판에서 발견된 4세기의 음절문자(한 음절을 한 문자로 표현하는 문자—옮긴이)를 연상시키긴 한다.

베이싱스토크 숫자는 2개의 영어 사본에만 나타난다. 하나는 숫자들을 소개하고, 다른 하나는 부활절 날짜 계산과 장 번호 매기기를 위한 표에 등장한다.

13세기 말 플랑드르의 시토회(Cîteaux) 수도원에서 발전한 숫자 체계가 더 널리 퍼졌다. 이 체계에서도 가로로 된 기본 막대에 작은 선을 추가했다. 유일한 차이점은 시토회에선 가로 막대 한쪽 위에는 1의 자릿수, 아래에는 10의 자릿수를 추가했다는 점이다. 또한 반대편 쪽 위에는 100의 자릿수, 아래에는 1,000의 자릿수를 덧붙였다(100쪽의 그림 참조). 수도사들은 1에서 9,999 사이의 모든 숫자를 한 문자로 쓸 수 있었다. 스웨덴에서 에스파냐에 이르기까지 수도사들은 13세기부터 15세기까지 이 숫자를 페이지와 장 번호, 색인, 달력 등에 사용했다. 현재 약 20개의 사본에서 이 숫자들이 발견됐으며, 대부분 종교적인 내용을 담고 있다. 또한 천문 계산과 관측을 위한 도구인 중세 성반(星盤)의 표시에서도 등장한다. 아마도 이 수도사의 숫자들을 포함하고 있지만 제대로 분류되지 않은 수십 개의 사본이 기록보관소에서 먼지로 뒤덮여가고 있을 것이다.

수도사의 숫자는 여러 인쇄물에서도 찾아볼 수 있다. 하지만 인쇄술의 발명은 그 숫자들의 쇠퇴를 예고했다. 직선으로 이루어진 숫자는 손으로 쓰거나 새기는 데 이상적이었다. 하지만 인쇄할 때는 각 숫자에 고유한 문자가 필요했다. 또한 인쇄된 논문에서 많은 오류가 발생했다. 예를 들어, 수조 단위까지 숫자 체계를 확장했던 지롤라모 카르다노 (Girolamo Cardano, 1501~1576)의 저서에는 거꾸로 쓰인 기호가 있다. 반면, 다른 학자들의 책에서는 좌우 반전된 기호도 있다.

벨기에 브뤼헤에서는 18세기까지 와인 통의 내용물을 측정하고 기록하기 위해 수도사의 숫자를 사용했다. 그러나 아마도 그 숫자들로 계산하는 사람은 아무도 없었을 것이다. 그럼에도 불구하고 그것들은 사실 매우 유용하게 쓰였다. 예를 들어, 5를 나타내는 시토회 수도원 기호는 1과 4의 기호를 겹쳐서 만들 수 있고, 9는 1, 2, 6의 기호를 포개서 얻을 수 있다.

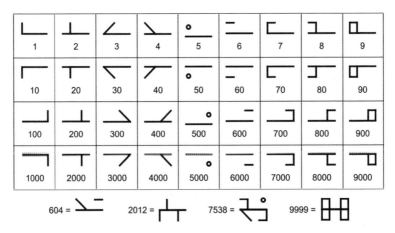

중세 말에 수도사들은 하나의 기호로 최대 1만 개의 수를 나타낼 수 있는 숫자 체계를 사용했다. 오늘날 그 숫자들은 잊혔다.

방정식이 논쟁을 일으키다

그리스인과 아랍인의 업적을 넘어서는 최초의 중요한 결과는 3차와 4차 방정식, 즉 미지수가 각각 3과 4의 거듭제곱으로 발생하는 방정식에 대한 해법 공식이었다. 이러한 업적을 두고 이탈리아에서 격렬한 논쟁이 벌어졌다.

스키피오네 델 페로(Scipione del Ferro, 1465?~1525)는 특정 종류의 3차 방정식(오늘날의 표기법으로는 $x^3 + ax = b$ 형식의 방정식)에 대한 대수적 해를 발견한 것으로 추정된다. 당시 관례에 따라 볼로냐 대학교의 이 수학 교수는 자신의 방법을 혼자만 알고 있었다. 학생 2명하고만 이 방법을 공유했다. 그중 한 명인 안토니오 마리아 피오레(Antonio Maria Fiore)는 베네치아에서 수학 교사로 임용되었는데, 자신을 잘 소개하기 위해(아마도 과시하려는 마음으로) 타르탈리아(Tartaglia: '말더듬이'라는 뜻)라는 별명으로 알려진 산술의 대가 브레시아(Brescia)의 니콜로(Niccolo, 1499?~1557)에게 공개 경연을 제안했다. 가난한 환경에서 자란 타르탈리아는 열두 살 때 프랑스군의 브레시아 포위 공격 중 칼에 맞아 말을 제대로 할 수 없을 정도로 심각한 부상을 입었다. 14세가 돼서야 읽고 쓰는 법을 배웠는데, 'K'라는 글자를 익힐 때까지만 학비를 충당할 수 있었다. 나머지 글자들은 남의 교과서를 훔쳐 독학으로 배웠다. 돈이 거의 없었던 청년 시절에는 베네치아의 교회에서 수학 강의를 하고 과학 서적을 출판했다.

피오레와 타르탈리아는 각각 공증인에게 50일 안에 풀어야 하는 30개의 과제를 제출했다. 도전을 받은 타르탈리아는 다양한 과제를 제시한 반면, 피오레는 스승 델 페로의 새로운 방법으로 마스터할 수 있는 문제만 골랐다. 그는 이렇게 썼다.

"나 안토니오 마리아 피오레가 대가인 니콜로 타르탈리아에게 제기한 30가지 문제는 다음과 같습니다. 1. 자신과 자신의 세제곱을 더하면 그 결과가 6이 되는 숫자를 찾으세요."

풀어야 할 방정식은 $x^3 + x = 6$이다. 이런 문장으로 된 문제도 있다.

"15. 한 남자가 사파이어를 500두카트(Dukat: 옛 유럽의 금화-옮긴이)에 팔아 자기 자본의 세제곱만큼 이익을 얻었습니다. 이 이익은 얼마나 될까요?" 이 문제는 $x^3 + x = 500$이라는 방정식으로 이어진다.

타르탈리아는 자서전에서 마감 전날 밤에 번뜩이는 영감을 받아 피오레의 문제뿐만 아니라 그 이상의 문제도 풀 수 있는 방법을 고안해냈다고 회고했다. 경연은 도전자의 망신으로 끝났다. 도전자는 타르탈리아가 제시한 문제를 하나도 풀지 못한 반면, 타르탈리아는 상대방이 제시한 모든 문제를 해결한 것이다.

대회 결과가 알려지자 지롤라모 카르다노는 우승자에게 그 비법을 알려달라고 부탁했다. 카르다노는 원래 의학을 공부해 뛰어난 의술을 펼친 인물이었다. 스코틀랜드 대주교의 천식 증세를 깃털 침대 대신 리넨과 실크 침구를 사용하라고 조언함으로써 누그러뜨려주기도 했다. 의료 활동 외에도 그는 수학을 집중적으로 공부했다.

카르다노는 타르탈리아를 자신의 집으로 초대해 영향력 있는 사람들을 소개해주겠다고 했다. 많은 망설임 끝에 타르탈리아는 카르다노에게 그걸 공개하지 않겠다는 약속을 받아내고 마침내 자신의 방법을 알려주었다. 이때 그는 공식이 아닌 구절로 해법을 표현했다. 카르다노는 제자 루도비코 페라리(Ludovico Ferrari, 1522~1569)와 함께 이 방법을 연구해 다른 유형의 방정식으로 확장시켰다.

이윽고 두 사람은 놀라운 결과를 발표하고 싶었다. 하지만 카르다노는 타르탈리아와 맹세한 약속 때문에 주저했다. 탈출구를 찾던 그는 페라리와 함께 볼로냐로 가서 스키피오네 델 페로의 저서를 연구했다. 놀랍게도 타르탈리아의 접근 방식은 델 페로의 해법과 매우 유사했다. '이것 봐라!' 카르다노는 타르탈리아인지 델 페로인지는 모르겠지만, 누군가가 산술 대가의 방식을 모방한 게 분명하다고 믿었다. 그는 이제 더 이상 침묵할 의무를 느끼지 않았다. 페라리의 도움을 받아 3차 방정식과 4차 방정식의 해법을 자신의 저서 《위대한 예술 또는 대수학의 규칙에 관하여(Ars magna sive de regulis algebraicis)》에 실었다. 책에서 그는 타르탈리아의 이름을 언급했지만, 타르탈리아는 배신감을 이기지 못하고 카르다노의 제자 페라리에게 구두와 서면으로 심한 폭언을 퍼부었다.

오늘날의 기준으로 보면 카르다노의 책은 매우 장황하다. 그는 양수만을 허용했기 때문에 개별적으로 많은 방정식을 고려해야 했다. 반면, 그의 작업은 먼 미래를 내다봤다. 허구의 수 혹은 순허수라고 부르는 음수의 제곱근을 해로 받아들인 것이다. 이후 수 세기 동안 수학자들은 이로부터 수학의 새로운 하위 분야인 복소수를 개발했다.

4차 방정식까지 풀 수 있게 된 학자들은 5차 방정식을 풀기 위해 노력했다. 하지만 실패했다. 카르다노 이후 250년이 지나서야 그들이 불가능한 과제를 스스로 설정했다는 게 분명해졌다.

문자로 계산하기

타르탈리아는 여전히 자신의 해법을 문장으로 전수했다. 그로부터 얼마 지나지 않아 수식 형태의 표기법이 점차 자리를 잡았고, 많은 학자가 이와 관련해 아이디어를 제공했다. 하지만 대부분은 쓸모없어 버려졌다. 그런데 한 프랑스 변호사의 제안은 달랐다. 그는 부업으로만 수학을 공부한 인물이었다.

프랑수아 비에트(François Viète, 1540~1603)는 라틴어 이름인 프란치스쿠스 비에타(Franciscus Vieta)로 더 잘 알려져 있으며, 명망 있는 가문의 법률 고문 겸 비서로 일했다. 수학과 천문학에 재능이 있던, 그 가문의 열한 살짜리 딸 카트린 파르테네(Catherine Parthenay)를 가르치기도 했다. 그 덕분에 비에타는 수학에 관심을 갖게 됐다. 이후 앙리 3세와 앙리 4세의 고문으로 적국인 에스파냐에서 온 메시지를 해독하기도 했다. 그러다 정치적 음모로 인해 직업을 잃고 시골로 은퇴해 수학에 전념했다. 이후 뛰어난 수학적 재능으로 세계적 명성을 얻었다.

유럽의 모든 학자에게 문제를 하나씩 보낸 네덜란드 출신의 수학 교수 아드리아뉘스 로마뉘스(Adrianus Romanus, 1561~1615)는 비에타의 해법에 깊은 인상을 받아 즉시 그를 찾아갔다. 비에타는 답례 격으로 로마뉘스에게 주어진 3개의 원과 접하는 모든 원을 찾는 방법에 대해 물었다. 로마뉘스는 원뿔이 평면과 교차할 때 형성되는 쌍곡선으로 문제를 해결했다. 비에타는 이 해법이 만족스럽지 않았다. 컴퍼스와 자만으로는 풀 수 없는 방법이었기 때문이다. 그는 나중에 직접 이를 개선한 해법을 발표했다.

비에타는 미지수뿐만 아니라 자신이 '계수'라고 부른 다른 숫자에도 방정식에서 일관되게 문자를 사용한 최초의 인물이었다. 미지수에는 모음 A, E, I, O, U를, 계수에는 자음 B, C, D, F 등을 사용했다. 이를 통해 방정식을 푸는 규칙을 제공하고 예를 보여줄 수 있었을 뿐만 아니라, 일반적으로 유효한 풀이 공식을 개발할 수 있었다. 그러나 동시대 사람들은 그의 업적을 제대로 인정하지 않았다. 그들은 대부분 많은 기호와 고도의 추상화에 적응할 수 없었다. 비에타는 사후에야 업적을 인정받았다. 비록 대수학이 그의 업적에 직접적으로 기반하지는 않았더라도 비에타가 제시한 방향으로 발전했기 때문이다.

학교 수학에서는 2차 방정식을 머릿속으로 풀기 위해 '비에타'라고 부르는 방법을 사용한다. 방정식 $x^2 + bx + c = 0$을 풀이한 두 해의 경우, 그 곱은 c이고 합은 $-b$다. 2가지 사례를 살펴보자. 가령 방정식 $x^2 - 5x + 6 = 0$의 해는 2와 3이므로 $2 \times 3 = 6$(앞의 c에 해당)이고, $2 + 3 = 5$(앞의 $-b$에 해당)다. 또한 방정식 $x^2 + 2x - 8 = 0$의 해는 2와 -4이므로 $2 \times (-4) = -8$(앞의 c에 해당)이고, $2 + (-4) = -2$(앞의 b에 해당)다.

또 다른 프랑스인은 방정식에서 미지수를 나타내는 문자 'x'를 도입했다. 르네 데카르트(1596~1650)의 라틴어 이름은 레나투스 카르테시우스(Renatus Cartesius)였다. 그는 단순한 수학자가 아니었다. 보편적 의심의 방법을 통해 근대 철학의 아버지로 우뚝 섰다. "나는 생각한다. 그러므로 나는 존재한다"라는 유명한 말처럼 자신의 생각만이 모든 존재를 정당화할 수 있다고 믿었다. 그는 신의 계시 대신 이성의 힘에 의존했다. 이로 인해 자연스럽게 가톨릭으로부터 비판을 받았고, 나중에는 개신교로부터도 공격을 받았다.

데카르트는 수줍음이 많아 은둔 생활을 즐겼으며 "숨어 지낸 자가 값진 인생을 보낸 사람이다"를 좌우명으로 삼았다. 더 많은 평화를 찾고 싶어 종교적 갈등으로 분열된 프랑스가 아닌 네덜란드로 향했다.

데카르트는 합리주의적 철학에 따라 수학의 명확한 정의와 기억하기 쉬운 개념에도 관심을 가졌다. 그와 피에르 드 페르마(Pierre de Fermat, 1601~1665)가 독립적으로 개발하고 발전시킨 이른바 해석기하학에서, 데카르트는 대수와 기하학을 통합하는 데 성공했다. 고대 그리스인과 달리 그는 더 이상 무심코 두 수의 곱을 직사각형의 넓이로 해석하지 않았다. 그에게는 숫자의 제곱조차도 반드시 정사각형의 기하학적 도형과 연결된 것은 아니었다.

데카르트는 두 선분의 곱셈을 정의하는 데 있어 그 결과 또한 하나의 선분이 되도록 했다. 그리스인에게는 전혀 상상할 수 없는 방식이었을 것이다. 그리스인은 두 선분을 곱하면 그 결과를 항상 넓이로 이해했다. 데카르트는 이러한 접근 방식으로 기하학적 차원에 충실해야만 한다는 제약에서 벗어났다. 그렇게 함으로써 그때까지 상상할 수 없었던 새로운 가능성을 열었다. 그는 자신의 주요 철학서인 《방법서설》의 부록으로 실린 '기하학'에서 "더 이해하기 쉽도록 산술에서 가져온 이러한 표현들을 기하학에 도입하는 데 주저하지 않겠다"고 말했다.

오늘날 그의 이름을 딴 '데카르트 좌표계'는 숫자와 기하학적 위치 사이를 연결해준다. 이것은 데카르트의 저서에서 초보적인 형태로만 등장하는데, 18세기에 이르러서야 개별 사례에 맞게 조정된 다양한 구조가 '기하학'의 표준적인 방식으로 다뤄지기 시작했다.

1642년 위트레흐트 대학의 교수위원회는 데카르트의 철학이 공식적인 신학에 반한다는 판결을 내렸다. 그 후 데카르트는 스웨덴 크리스티나(Christina) 여왕의 개인 교사로 초청을 받아 스톡홀름의 궁정으로 갔다. 그곳에서 스칸디나비아의 겨울 동안 새벽 5시에 수업을 시작한 그는 얼마 지나지 않아 폐렴에 걸려 결국 사망하고 말았다.

콜럼버스의 이중 실수

고대부터 학자들은 지구가 구형이라는 사실을 알고 있었다. 탐험 항해 중에 선원들은 이 가설에 대한 증거를 반복해서 관찰했다. 기후 변화, 태양·달·별의 위치 변화, 그리고 북반구에서는 볼 수 없는 별자리가 나타나는 현상 등을 통해서 말이다. 중세 말 학자들에게 논쟁거리는 지구의 모양이 아니라 그 크기였다.

수 세기 동안 여러 과학자가 지구의 둘레를 추정해왔다. 에라토스테네스는 실제에 꽤 근접했다. 르네상스 시대의 지리학 권위자 프톨레마이오스(100~175?)는 25퍼센트 정도나 적게 계산했다(약 4만 킬로미터가 아니라 3만 킬로미터로 추정). 또한 프톨레마이오스는 아시아의 크기를 과대 평가했다. 이는 치명적인 오류였다. 왜냐하면 그걸 토대로 만든 세계 지도를 보면, 유럽 서쪽 끝에서 동아시아로 가는 뱃길이 탐험하기에 그리

멀어 보이지 않았기 때문이다. 그리고 크리스토퍼 콜럼버스(1451~1506)가 프톨레마이오스의 데이터를 확인하기 위해 아프리카를 여행하면서 직접 측량을 실시했다.

1484년 포르투갈의 수학자들로 이뤄진 위원회가 콜럼버스의 탐험 항해 제안을 평가하기 위해 모였다. 지리 및 항해 전문가들은 이전의 탐험 보고서를 연구한 결과, 콜럼버스의 가정이 너무 낙관적이라는 결론에 도달했다. 반대에 부딪힌 콜럼버스는 에스파냐 왕실로 향했다. 그리고 오랜 우여곡절 끝에 마침내 모험에 대한 지원을 받기에 이르렀다. 만약 콜럼버스가 지구 둘레를 과소평가한 데 그쳤다면, 그와 선원들은 배 안에서 굶어 죽었을지도 모른다. 아시아로의 항해는 보급품으로 버

크리스토퍼 콜럼버스는 자신의 기함 산타 마리아호와 함께 서쪽으로 출항을 감행했다. 이는 그가 지구의 크기를 매우 과소평가했기 때문에 가능한 일이었다.

틸 수 있는 거리보다 먼 여정이었기 때문이다. 하지만 운 좋게도 항로에 육지가 없을 것이라는 그의 가정도 틀렸다. 그는 두 번이나 착오를 했지만 아메리카를 발견한 승리의 기쁨을 만끽할 수 있었다. 현실 세계에서도 마이너스 곱하기 마이너스는 플러스일 때가 있다.

정확한 지도

선원들은 항해가 끝난 후 그들이 횡단한 지역의 지도를 그렸다. 개별 국가들은 경쟁을 이유로 이 지도를 왕관의 보석처럼 소중히 여기며 비밀에 부쳤다. 하지만 콜럼버스의 항해는 전 세계의 기존 지도를 바꾸어 놓았다. 콜럼버스 이전까지 제도사(製圖士)는 지구를 큰 원으로 묘사하는 경우가 많았다. 유럽·아시아·아프리카가 안쪽에 있고, 그 주위에 전 세계의 바다를 그렸다. 지도 제작자들은 훌륭한 기독교인이 되고 싶었기 때문에 보통은 예루살렘이 중앙을 차지했다.

아메리카 대륙 발견 후 제도사들은 세계를 동반구와 서반구로 나누고, 각 반구를 고유한 원 안에 배치했다. 수학적 관점에서 보면, 지구를 다른 방식으로 쪼갤 수도 있었다. 예를 들어 남반구와 북반구로 나누거나, 다른 절단선을 따라 2개의 반구로 분할하는 것이다.

이러한 지도들의 한 가지 단점은 지구상의 이웃한 장소가 반드시 나란히 위치하지 않을 수도 있다는 것이다. 가령 서반구와 동반구에서 시베리아 동부는 알래스카 반대편에 있다. 그런데 실제로 두 지역은 그렇게 멀리 떨어져 있지 않다. 그러나 수학자들이 지금껏 증명했듯 이러한 결함은 그 어떤 지도의 표현 방식으로도 해결할 수 없다.

반구형 지도의 또 다른 단점은 방향이 정확하지 않다는 것이다. 선원들은 무엇보다도 2가지 조건을 충족하는 지도가 필요했다. 첫째, 모든 지점에서 북쪽이 위를 가리켜야 한다. 둘째, 모든 나침반 방향은 어디에서나 북쪽을 기준으로 정확하게 표시해야 한다. 예를 들어, 순전히 서쪽으로 흐르는 강은 수평으로 표시하고, 정확히 남서쪽으로 흐르는 강은 수평에 대해 45도로 그려야 한다.

2개의 반구가 있는 지도는 어느 한 가지 조건도 만족하지 않는다. 이러한 원리를 기반으로 한 최초의 세계 지도는 플랑드르의 지도 제작자이자 수학자인 헤라르뒤스 크레머(Gerardus Kremer, 1512~1594)가 1569년에 디자인했다. 라틴어 이름인 메르카토르(Mercator: 상인을 뜻하는 merchant 의 라틴어 표기—옮긴이)로 더 잘 알려진 인물이다.

메르카토르는 생전에 과학 기구 제작자로서 탁월한 명성을 누렸다. 그 아름다움 덕분에 예술 작품으로 여겨지기도 했다. 피렌체의 메디치 왕조와 카를 5세 황제에게 물품을 공급하기도 했는데, 오늘날에는 그가 제작한 세계 지도(단 한 장만 현존한다)로 유명하다.

그의 비법은 위도선을 북쪽과 남쪽으로 갈수록 점점 더 넓은 간격으로 그리는 것이었다. 모든 지구본에서 볼 수 있듯 지구의 경도는 모두 길이가 같지만 위도는 그렇지 않다. 지구본에서 위도는 남극이나 북극 중 하나에 가까워질수록 점점 더 짧아진다. 그러나 메르카토르 지도에서는 모든 길이가 같다. 이로 인한 방향(기본 방위인 동-서-남-북을 말한다—

세계를 서반구와 동반구로 나눈 지도. 뒤스부르크의 유명한 지도 제작자 헤라르뒤스 메르카토르의 지도집에 나온다.

옮긴이) 오류가 발생하지 않도록 메르카토르는 자신의 지도에서 위도를 연장했을 때와 같은 축척으로 간격을 더 넓게 설정했다. 단점은 이것이 등면적 지도가 아니라는 것이다. 지역이 남극이나 북극 중 하나에 가까울수록 더 많이 확대된다. 메르카토르 지도에서는 거리조차 정확하지 않다. 지도에서 같은 거리에 있는 두 점이 실제로는 적도에 가까울수록 더 멀리 떨어져 있다.

메르카토르 이후 지도 제작자들은 모든 거리를 사실적으로 표현한 지도를 만들려고 노력했다. 그 작업은 불가능한 것으로 판명됐다. 메르카토르로부터 200년이 지나 레온하르트 오일러(Leonhard Euler, 1707~1783)는 지구 표면의 모든 지도가 작은 부분만 묘사하더라도 거리와 면적을 왜곡한다는 사실을 증명했다. 지구는 구형이기 때문에 표면이 종이 같은 평면이 아니라 곡면이다. 한 국가나 한 도시만 표시한 경우에도 거리가 정확하지 않다. 지도에서 범위가 작을수록 그리고 극지방에서 멀어질수록 표시한 축척으로부터의 오차는 더 작아진다. 따라서 독일 전체 지도나 한 도시의 지도에서는 그러한 오차를 무시할 수 있다.

오늘날 수학자들은 메르카토르 지도의 독창성을 인식하고 있다. 모든 방향을 정확히 보여주면서 북쪽이 위에 자리하는 지도는 반드시 이 플랑드르 지도 제작자의 지도와 같은 모습이어야 한다.

16세기 말, 각 위도 사이의 거리에 대한 왜곡률을 표시한 최초의 표가 등장했다. 이를 통해 모든 제도사는 메르카토르 지도를 만들 수 있었다. 정확한 거리 계산에는 천문학자를 위해 발명된 계산 도구인 로그가 유용하다.

계산 도구

16세기 초, 니콜라우스 코페르니쿠스(1473~1543)는 지구가 아니라 태양이 행성계의 중심이라고 주장했다. 사모스의 아리스타르코스(Aristarchos, 기원전 310?~230?)도 일찍이 고대에 이러한 견해를 피력했다. 그러나 코페르니쿠스의 세계관을 둘러싸고 격렬한 논쟁이 벌어졌다. 이를 검증하기 위해 천문학자들은 행성의 움직임을 가능한 한 자세히 관찰하고 궤도를 정확하게 계산하려고 노력했다. 한편으로 수학자들은 삼각함수인 사인, 코사인, 탄젠트, 코탄젠트에 대해 새롭게 개선된 표를 만들었다. 다른 한편으로는 긴 계산 시간을 단축할 수 있는 방법을 필사적으로 모색했다. 펜과 종이를 사용하는 비교적 빠른 아랍 방식도 자릿수가 많은 숫자의 곱셈이나 나눗셈은 과학자에게 많은 시간을 요구했다. 이 문제에 대한 해결책을 두 사람이 거의 동시에 독립적으로 고안해냈다.

스코틀랜드의 머치스톤(Merchiston) 출신 남작 존 네이피어(John Napier, 1550~1617)는 자신의 사유지 등 재산을 전업으로 관리하면서 부업으로 온갖 종류의 주제에 대해 글을 썼다. 네이피어와 스위스 시계 제작자 요스트 뷔르기(Jost Bürgi, 1552~1632)는 로그 사용의 아이디어를 생각해냈다. 이 용어(Logarithmen: 로그)는 그리스어 '로고스'(logos: 비율)와 '아리스모스'(arithmos: 숫자)에서 유래했다. 로그는 거듭제곱의 역수와 같은 개념이다. 예를 들어, 10을 밑으로 하는 로그는 어떤 숫자를 얻기 위해 10을 몇 번 거듭제곱해야 하는지를 나타내는 수다. 따라서 상용로그(밑이 10인 로그—옮긴이) 100은 2다. $10^2 = 100$이기 때문이다. 상용로그 1,000은 3이다. $10^3 = 1,000$이기 때문이다. 상용로그 5는 $0.69897\cdots$이다. $10^{0.69897\cdots} = 5$이기 때문이다.

기원전 2세기에 인도에도 이미 알려져 있던 로그의 요령은 로그에 적용되는 계산 규칙이다. 인도인은 곱셈을 덧셈으로, 나눗셈을 뺄셈으로 바꿨다. 네이피어와 뷔르기는 두 수를 곱하는 대신 로그를 구하고 더했다. 그런 다음 거듭제곱 계산을 사용해 결과를 다시 변환했다. 예를 들면, 100×1000을 계산하는 대신, 두 수에 로그를 취해 2와 3을 얻고, 두 수를 더한 다음(5), 이 수를 10의 거듭제곱으로 계산한다. $10^2 \times 10^3 = 10^{2+3} = 10^5 = 100,000$. 이런 간단한 계산에서는 물론 아무런 이점이 없다. 그런데 예를 들어 57,843×98,743의 경우는 상황이 다르다.

계산기가 없으면 이 작업은 시간이 오래 걸린다. 하지만 로그를 사용하면 간단한 덧셈이 된다. $\log_{10}57,843 + \log_{10}98,743 =$

$$4.762250809\cdots$$
$$+\,4.994506317\cdots$$
$$\overline{9.756757126\cdots}$$

$10^{9.756757127\cdots} = 5,711,591,349$

이러한 계산을 수행하려면 당연히 로그와 그 역수인 거듭제곱에 대한 참고서가 필요했다. 네이피어와 뷔르기는 각각 표를 작성했다. 네이피어가 먼저 그걸 발표했지만, 그 수치를 어떻게 얻었는지 설명하는 걸 소홀히 했다. 이로 인해 그 표는 신뢰성이 떨어졌다. 그러자 천문학자이자 당시 프라하의 황실 수학자였던 요하네스 케플러가 직접 나서서 문제를 해결했다. 그리고 1611년 원리에 대한 자세한 설명과 함께 수정된 로그표를 발표했다.

몇 년 후, 대부분의 과학자는 이러한 방식으로 계산을 간소화했다. 로그 눈금이 있는 슬라이드 규칙은 표에서 숫자를 찾아보는 힘든 과정을 빠르게 대체했다.

2세기 후, 수학자 피에르시몽 라플라스(Pierre-Simon Laplace, 1749~1827)는 이 계산 도구에 대해 특히 천문학자들이 얼마나 고마워하는지를 이렇게 표현했다. "로그는 천문학자들의 작업을 절반으로 줄임으로써 그들의 수명을 2배로 늘려줬다."

케플러는 신앙심이 깊어서 신이 수학적 계획에 따라 세상을 창조했다고 믿었다. 그래서 이 계획을 이해하는 것이 기독교인으로서 자신의 의무라고 생각했다. 그는 "나는 신학자가 되고 싶었지만 그렇지 못해서 불행했다"고 고백하며 이렇게 말했다. "천문학 연구를 통해 하느님을 이해할 수 있어 이제는 행복하다." 하지만 지구가 태양 주위를 돈다는 그의 신념은 교회와 잘 맞지 않았다. 그로 인해 1612년 파문을 당했고, 이 때문에 큰 슬픔에 빠졌다. 그의 묘비에는 다음과 같은 문구가 새겨져 있다. "나는 하늘을 측정했고, 이제 땅의 그림자를 잰다. 영혼은 하늘을 향했고, 육신의 그림자는 여기에 머무르네."

케플러는 시력이 좋지 않아 하늘을 관측하는 데 어려움이 많았다. 그 때문에 행성의 궤도를 계산하는 것에 집중했다. 그는 로그 외에도 자신의 동업자 조합에 또 다른 보조 도구를 제안했다. 1623년 빌헬름 시크하르트(Wilhelm Schickhardt, 1592~1635)는 튀빙겐에서 최초의 계산기를 선보였다. 그것은 덧셈과 뺄셈을 할 수 있었을 뿐만 아니라, 회전하는 숫자 실린더를 사용해 곱셈과 나눗셈도 할 수 있었다. 시크하르트는 이 계산기를 2개 만들었다. 하나는 케플러를 위해 만들었는데, 배달되기 전에 화재로 타버렸다. 또 다른 하나는 자신이 보관했다. 이 기계는 아마도 30년 전쟁(1618~1648)의 혼란 속에서 사라졌을 것으로 추정된다. 그로부터 약 20년 후, 블레즈 파스칼(Blaise Pascal, 1623~1662)은 프랑스의 왕립 세무 공무원이던 자신의 아버지가 셈을 더 쉽게 할 수 있도록 비슷한 장치를 만들었다. 당시 스무 살이었던 그는 이 장치를 총 50개 만들어 팔았다. 하지만 정밀 기계 기술이 아직 충분히 발전하지 않은 터라 장치는 신뢰할 만큼 작동하지 않았다. 계산기가 실용화된 것은 18세기에 들어서였다.

원근법

수학자들의 새로운 발견은 지도 제작과 천문학뿐만 아니라 예술 분야에서도 사용됐다. 중세 시대에는 인물이 그림에서 앞쪽에 있는지 뒤쪽에 있는지 관계없이 피사체 크기가 그 의미를 결정했다. 이제 예술가들은 사람과 다른 3차원 물체를 캔버스에 가져와 공간적 인상을 만들기 위해 기하학적 지식을 습득했다. 피에로 델라 프란체스카(Piero della Francesca, 1412?~1492)는 그의 저서 《회화에서의 원근법에 대하여(De prospectiva pingendi)》에서 이에 대한 기초를 마련했다. 피에로는 보는 사람의 눈에 초점을 맞췄다. 묘사한 장면에 시선이 투과되는 창문 같은 그림을 상상한 것이다.

《회화에서의 원근법에 대하여》는 유클리드의 《원론》 스타일로 쓰였다. 피에로는 문장을 공식화하고 그것을 증명했다. 그는 그림을 통해 도형의 3차원 이미지를 구성하는 방법을 보여준다. 예를 들어, 정사각형 타일로 덮인 바닥에서 개별 정사각형들이 그림의 배경에 가까워질수록 점점 작아진다. 그런 다음 덜 대칭적인 다각형이 어떻게 원근법

르네상스 시대에 이탈리아 화가들은 원근법을 발명했다. 예술가들이 기하학 지식을 적용한 것이다.

에 따라 축소되는지를 알려준다. 이어서 다양한 기둥 모양이 등장한다. 마지막으로 피에로는 인간의 얼굴이 여러 각도에서 어떻게 보이는지를 다룬다.

피에로의 논문은 르네상스 시기 내내 출판되지 않았다. 그러나 예술계에는 필사본 원고가 돌았다. 독일과 네덜란드의 많은 화가는 거장들의 작업실에서 새로운 원근법 표현을 배우기 위해 특별히 이탈리아를 여행했다.

힘든 구성 과정을 단축하기 위해 다양한 보조 도구도 개발됐다. 그중 가장 단순한 것은 바둑판무늬 모양의 바닥 패턴인 '파비멘토(pavimento)'였다. 바닥의 한쪽 가장자리가 그림의 앞부분 아래쪽 가장자리와 평행하다. 이 도구를 사용해 배경의 객체들이 어떻게 축소되는지 쉽게 측정할 수 있었다.

알브레히트 뒤러(Albrecht Dürer, 1471~1528)는 끈, 철망, 조준기를 사용해 3차원 그림을 구성하는 수많은 장치를 개발했다. 뉘른베르크의 이 화가는 유클리드를 직접 연구해 《컴퍼스와 자를 사용한 측정법》이라는 표준적인 저서를 집필했다. 그는 책에서 겸손하게 이렇게 썼다. "가장 예리한 통찰력을 가진 유클리드가 기하학의 기초를 집대성했다. …이걸 잘 이해하는 사람은 이후에 쓰여진 것들이 전혀 필요하지 않을 것이다."

뒤러는 유클리드에서 누락된 세부 사항을 도입하고 자신의 기하학을 독자적으로 발전시켰다. 《컴퍼스와 자를 사용한 측정법》 2권에는 정칠각형, 정구각형, 정십일각형, 정십삼각형의 근사 작도법과 각의 삼등분 방법도 포함돼 있다. 뒤러는 이러한 방법과 정확한 해법 사이의 차이를 인식하고 있었다. 이것은 당시 전문 수학자들 사이에서도 당연한 일이 아니었다. 일부 역사학자들은 그를 르네상스 시대의 가장 중요한 수학자 중 한 명으로 간주한다.

계몽주의 시대

1756년	독일에서 마지막 마녀 화형
1768년	제임스 와트, 증기 기관을 획기적으로 개선
1772년	기근 후 아메리카에서 도입한 감자를 프리드리히 대왕의 명령으로 처음 재배
1776년	미국 독립, 인권 선언문 발표
1781년	이마누엘 칸트, 《순수이성비판》 출간
1789년	프랑스 혁명
1792년	루이 16세 처형
1794년	파리에 에콜 폴리테크니크 설립
1799년	나폴레옹, 권력 장악

계몽주의 시대인 17~18세기에 교회와 세속적 권위에 대한 믿음이 점점 더 의심을 받았다. 철학자 이마누엘 칸트(1724~1804)의 말을 빌리자면, 사람들은 권위를 따르는 대신 "자신의 이성을 사용"해야 한다고 생각했다.

자연과학은 태양 중심 세계관을 지지하며 교회에 맞서 싸웠다. 천체의 궤도를 결정하기 위해 천문학자들은 정밀한 도구뿐만 아니라 정교한 수학도 필요했다. 그리스식 기존 접근법만으로는 더 이상 충분하지 않았다. 피타고라스·유클리드·아르키메데스 등이 많은 연구를 했지만, 그들은 항상 정적인 양만을 다루었다. 계몽주의의 수학적 혁명은 변화하는 양, 이른바 변수를 도입해 움직임을 설명하는 것이었다. 먼저 움직임을 개념적으로 파악하고 나서 계산으로 통제하는 것이 목표였다.

수학자들은 자유낙하나 행성 및 발사체의 궤적 같은 고전적인 문제를 해결하고자 했을 뿐만 아니라 실용적인 역학에도 관심을 가졌다. 영리한 사람들은 크레인, 풍차, 펌프, 전동 로프(케이블로 물체를 들어 올리는 장치—옮긴이), 트레드밀(treadmill: 발로 밟아서 돌아가도록 하는 기구—옮긴이) 등 신흥 제조 회사들을 위해 다양한 장치를 발명했다. 또 다른 사람들은 스스로 끝없이 움직이는 기계, 즉 영구 기관의 유토피아를 열렬히 추구했다. 이 모든 혁신의 중심에는 운동이 있었다. 그리고 새로 개발된 미분법을 통해 운동량을 계산할 수 있었다.

기하학에서도 학자들은 그리스인의 경직된 개념을 극복했다. 그들은 이 분야를 대수학과 새로운 방식으로 결합해 전례 없는 발전을 이룰 수 있었다.

게다가 확률론이라는 전혀 새로운 수학 분야가 등장했다. 도박에서 출발한 이 학문은 과학자로 하여금 그들의 지식을 곧 새롭게 등장할 보험 산업과 인구통계학에도 활용하도록 했다.

운동의 수학

미분법과 적분법은 현대 수학의 가장 위대한 업적으로 여겨진다. 발명가 아이작 뉴턴(1643~1727)과 고트프리트 빌헬름 라이프니츠(1646~1716)는 다른 학자들의 이전 연구를 기반으로 이론을 발전시켰다. 그들의 이론은 놀랍게도 매우 다양한 아이디어를 하나로 통합한 것이었다. 발사체의 궤적 계산하기, 접선 찾아내기, 모서리가 곡선인 면적 알아내기 등이 그것이다.

고대부터 학자들은 곡선으로 둘러싸인 영역의 면적을 파악하려고 노력했다. 이를 위해 면적을 알고 있는 직사각형이나 삼각형으로 도형을 채웠다. 곡선 부분에는 점점 작아지는 다각형을 많이 넣어 원하는 면적에 거의 같아지게 할 수 있었다. 아르키메데스가 이 분야의 대가였는데, 그는 이 방법으로 원의 면적뿐만 아니라 포물선이나 타원으로 둘러싸인 도형의 면적도 구했다.

16세기 말, 수학자들은 아르키메데스의 아이디어를 다시 적용하기 시작했다. 예를 들어, 그들은 구의 부피를 원통과 원뿔로 채워서 계산했다. 요하네스 케플러는 보다 실용적인 문제에 관심을 가져 포도주 통의 부피를 계산하기도 했다. 그는 자신의 저서 《포도주 통의 신계량법》에서 이 문제에 어떻게 접근했는지 설명했다. "지난해 11월 내가 재혼했을 때, 린츠(Linz: 오스트리아의 도시—옮긴이) 인근 다뉴브 강변에 풍성한 수확을 마친 오스트리아 남부 지방의 포도주 통들이 쌓여 있었고, 나는 합리적인 가격에 와인을 구입할 수 있었다. 새 남편이자 세심한 아버지로서 가족에게 필요한 음료를 제공하는 것은 의무였다." 그는 판매자가 포도주 통의 내용물을 측정하는 방식에 놀랐다. 포도주 통의 구멍을 통해 대각선으로 측정 막대기를 밀어 넣었던 것이다. 케플러는 용량이 훨씬 적은 포도주 통에 넣은 측정 막대기의 길이가 용량이 훨씬 많은 포도주 통의 것과 같을 수도 있다고 비판했다. "새로 결혼한 사람으로서, 이 편리하고 중요한 측정 방법의 정확성을 기하학적 원칙을 통해 연구하고, 그 안에 숨어 있는 법칙을 밝혀내는 것이 수학적 작업의 새로운 원리로서 무의미하지 않을 것 같았다."

케플러는 라틴어로 과학 연구를 한 후, 일상적으로 사용할 수 있도록 《아르키메데스의 고대 측정 기술에서 발췌》라는 제목의 독일어 소책자를 썼다. 이 책에서 그는 증명은 하지 않고, 포도주 통 만드는 방법과 그 통에 얼마나 많은 포도주가 들어 있는지 확인하는 방법을 설명한다.

케플러는 또 다른 기하학적 고체의 부피도 계산했다. 그의 머릿속에서 원의 넓이는 수많은 이등변삼각형으로 이뤄져 있었다. 그는 구에 대해서도 마찬가지로 "꼭짓점이 중심에서 만나고 표면의 밑변이 점으로 대체되는 무한한 수의 원뿔로 구성되어 있다"고 주장했다.

피에르 드 페르마 같은 다른 수학자들도 곡선의 접선을 구하는 데 관심을 가졌는데, 이 문제는 도형으로 쉽게 풀 수 있다. 한 점에서 곡선에 접하고, 그 점에서 곡선과 같은 기울기를 갖도록 직선을 적절히 놓으면 된다. 하지만 이 접선을 수학적으로 어떻게 결정할 수 있을까? 그것이 명확해진다면 곡선의 최고점과 최저점을 계산할 수 있다. 그 지점에서 접선은 수평이어야 한다. 이러한 최고점과 최저점은 자연과학·기술·경제학 등 수많은 응용 분야에서 중요하다. 예를 들어, 이익을 극대화하거나 피해를 최소화해야 할 때 그렇다.

1628년 페르마는 간단한 경우의 최고점과 최저점을 계산하는 방법을 고안했는데, 이후 이를 물리학 문제에 적용했다. 예를 들어, 빛이 굴절될 때의 최단 경로를 계산했다.

갈릴레오 갈릴레이(1564~1642)는 투사체의 비행을 연구했다. 그 이전의 학자들은 궤도가 직선과 원호로 이뤄져 있다고 믿었다. 궤도가 포물선의 형태를 띠고 있다는 사실을 처음 발견한 것은 갈릴레이였다. 슬로 모션 녹화나 기타 기술적 지원 없이 이를 알아내는 것은 쉽지 않다. 하지만 그만한 가치가 있다. 포탄의 궤적을 계산할 줄 아는 사람은 당연히 전장에서 우위를 점할 수 있다.

갈릴레이는 경사면에서 공을 위로 밀고 다시 아래로 굴리는 모습을 관찰하는 실험을 했다. 움직임이 상당히 느려졌다. 그럼에도 불구하고 실험에서 가장 큰 어려움은 공이 일정 거리를 굴러가는 데 걸리는 시간을 측정하는 것이었다. 당시에는 아직 정확한 시계가 없었다. 갈릴레이는 공이 굴러가는 시간을 파악하기 위해 혼자서 멜로디를 흥얼거렸다고 한다.

갈릴레이는 무엇보다도 메디치 가문의 수학자로 일하며, 라틴어가 아닌 모국어(이탈리아어)로 책을 출판해 유명인이 됐다. 명성이 커지면서 자아도취적인 태도를 보였고, 태양 중심설에 대한 발언으로 인해 불명예를 안았다. 결국 그는 학계에서 거의 지지를 받지 못했다.

갈릴레이의 위대한 책

갈릴레이는 저서 《대화》(원래 제목은 '2개의 주요 우주 체계에 관한 대화'—옮긴이)와 《담론》(원래 제목은 '새로운 두 과학에 관한 논의와 수학적 증명'—옮긴이)에서 자연과학의 방향을 제시하며 이렇게 말했다. "자연은 우리 눈앞에 항상 펼쳐져 있는 위대한 책, 곧 우주에 기록돼 있다. 하지만 그 언어를 알지 못하고 그것이 쓰인 문자를 배우지 않으면 이해할 수 없다. 이 책은 수학적 언어로 쓰여 있고 그 문자는 삼각형, 원, 기타 기하학적 도형이다. 이러한 수단이 없으면 인간은 한마디도 이해할 수 없으며, 어두운 미로에서 무의미하게 방황하는 것에 불과하다."

갈릴레오 갈릴레이와 피에르 드 페르마의 연구는 훗날 미분법과 적분법이라는 새로운 이론으로 발전했다. 이 이론을 비슷한 시기에 독립적으로 발명한 인물은 아이작 뉴턴과 고트프리트 빌헬름 라이프니츠 두 사람이었다. 갈릴레이가 죽은 해에 태어난 뉴턴은 다른 과학자들의 이전 업적을 인정했다. 그는 "내가 더 멀리 보고 더 많이 깨달을 수 있었던 것은 오직 내가 거인들의 어깨 위에 서 있었기 때문이다"라고 고백했다.

모든 것은 재앙에서 시작됐다. 1665년 케임브리지에 전염병이 창궐하자 대학은 문을 닫았고, 젊은 학생 아이작 뉴턴은 고향인 울즈소프(Woolsthorpe: 잉글랜드 동부에 있는 도시―옮긴이)로 돌아갔다. 전해지는 얘기에 따르면, 고향의 사과나무 아래에 누워 있던 그는 사과 한 개가 머리 쪽으로 떨어지는 걸 보고 중력을 통해 행성의 움직임을 설명할 수 있다는 깨달음을 얻었다고 한다. 또한 이 시기에 미분법을 발명하기도 했다.

1670년에 작성했지만 1736년에야 출판된 글에서 뉴턴은 다음과 같이 썼다. "이 질문에서 어려운 점은 다음 2가지 문제로 축약할 수 있다.

1. 어느 순간에 이동한 거리의 길이가 주어졌을 때, 해당 시간에 대한 운동의 속도를 구하시오.

2. 임의의 시간에 속도가 주어졌을 때, 해당 시간에 이동한 경로의 길이를 구하시오."

사과의 경우를 예로 들어보자. 중력은 처음부터 떨어지는 과일을 가속시킨다. 아무리 작아도 매 순간마다 속도가 증가한다면 특정 순간의 속도를 어떻게 알 수 있을까?

뉴턴은 무한히 작은 시간으로 나눠 계산해 이 문제를 해결했다. 속도는 단위 시간당 이동한 거리로 측정할 수 있으며, 이는 사과 운동의 변화율을 반영한다. 속도의 변화율을 계산하면 10에 약간 못 미치는 고정된 값이 나온다. 물리학적으로 해석하면 가속도. 단위는 m/s²으로 표시한다. 〔속도는 거리(미터)를 시간(초)으로 나눈 값이다. 가속도는 속도를 다시 시간으로 나누므로 시간의 제곱이 된다―옮긴이.〕가속도는 변하지 않는 중력에서 비롯되므로 사과가 낙하하는 내내 동일하게 유지된다. 아래의 예에서는 중력가속도를 10m/s²으로 잡았다. 독일에서의 실제 값은 약 9.81m/s²이다.

이동 거리와 이에 필요한 시간을 언제든지 정확하게 측정할 수 있다고 가정했을 때, 사과에 대해서는 다음과 같이 작동한다. 만약 사과가 20미터 높이에서 떨어진다면, 바닥까지 닿는 데 2초가 걸린다. 따라서 사과의 평균 속도는 20÷2＝초당 10미터(기호는 m/s)다. 이를 변환하면 시속 36킬로미터다. 그러나 초원에서는 과일이 땅에 닿는 속도가 계속 증가하기 때문에 너 빠른 속도로 떨어진다. 낙하 마지막 0.5초 동안 사과는 8.75미터의 거리를 이동한다. 따라서 이 0.5초 동안의 평균 속도는 8.75미터를 0.5초로 나눈 값인 17.5m/s다. 마지막 0.1초 동안은 1.95미터를 이동하므로 평균 속도는 1.95미터를 0.1초로 나눈 값, 즉 19.95m/s다.

이와 같이 점점 더 작은 시간 간격으로 생각을 계속 진행하면, 20m/s에 점점 더 가까워지는 속도의 값을 얻을 수 있다. 따라서 시속 72킬로미터에 해당하는 20m/s는 사과가 땅에 닿을 때의 순간 속도다.

이러한 계산은 미분학의 도움으로 낙하하는 그 어떤 순간뿐만 아니라, 다른 모든 운동에도 비슷한 방식으로 수행할 수 있다. 뉴턴은 이렇게 해서 가속도가 발생하는 모든 시간에 대한 순간 속도를 구할 수 있었다. 이때 전제 조건은 모든 게 균일하고 연속적인 절대 시간 속에서 일어난다는 것이었다. 그는 이것을 신의 뜻으로 간주했으며, 인간의 영향은 없다고 생각했다.

뉴턴은 이처럼 미분을 사용해 이동 경로로부터 특정 순간에 물체의 속도를 계산할 수 있었다. 반대로 적분법을 이용해 순간 속도로부터 이동 곡선을 구해내기도 했다. 그는 자신의 방법으로 곡선의 접선과 곡선으로 둘러싸인 면적도 계산할 수 있다는 걸 깨달았다.

미분을 둘러싼 격렬한 논쟁

뉴턴은 동시대 사람들에게 비판받는 것을 꽤나 두려워해서 미분학에 대한 자신의 연구 결과를 대부분 비밀로 간직했다. 그래서 그 업적이 사후에야 공개됐다. 뉴턴의 조수 중 한 명은 이렇게 말했다. "뉴턴은 내가 아는 사람 중 가장 예민하고, 신중하며, 의심이 많은 성격이었다." 이는 그의 어려웠던 어린 시절과 관련이 있을 것이다. 뉴턴이 태어나기도 전에 아버지가 사망했고, 두 살 때 어머니가 재혼했다. 어린 아이작은 자신을 고아 취급하는 조부모에게 맡겨졌다. 학창 시절엔 그다지 우수한 학생이 아니었지만, 대학에 입학할 수 있었다. 대학에서 은둔적이고 독특한 성격을 가진 젊은 학생의 엄청난 재능이 드러났다.

뉴턴은 동료 학생들과 거의 어울리지 않았다. 나중에 한 책의 서문에 그는 이렇게 적었다. "플라톤은 나의 친구이고 아리스토텔레스도 나의 친구이지만, 나의 가장 좋은 친구는 진리다."

뉴턴은 아인슈타인 이전까지 물리학에서 논란의 여지가 없는 천재로 인정받았다. 하지만 그의 유품에서 오늘날의 기준으로는 이해하기 어려운 여러 문서가 발견되자 학계는 크게 놀랐다. 뉴턴은 평범한 재료로 금을 만들어내려는 연금술에 깊이 몰두했을 뿐만 아니라, 《성경》의 독립적인 구절들을 서로 연관 지으려는 해석 작업에도 열중했다.

뉴턴은 생전에도 사람들의 우상으로 여겨졌다. 매우 존경받는 동시에 부유한 인물이었으며 높은 관직도 역임했다. 조폐국 국장으로서 화폐 제도를 개혁했고, 위조범을 가차 없이 추적해 처형시켰다. 또한 몇 년 동안 의회 의원으로도 활동했다. 뉴턴은 인생의 마지막 30년 동안 물리학을 탐구할 시간이 거의 없었다.

뉴턴은 자신의 발견에 자부심을 느꼈지만 누군가 자신의 연구를 베꼈다고 믿으면 극도로 화를 냈다. 고트프리트 빌헬름 라이프니츠도 이를 직접 경험했다.

라이프니츠는 진정한 만능 학자였다. 철학·생물학·지질학·논리학·수학·언어학에 공헌한 그는 법률가와 외교관으로도 활동했다. 평생 동안 지식을 습득하고 세상을 이해할 수 있는 보편적인 방법을 찾으려 애썼으며, 이 과정에서 논리의 힘을 믿었다. 그는 모든 사고(思考)의 오류가 계산 오류로 나타나는 보편 언어를 개발하려고 노력했다. 이 아이디어는 300년 후 컴퓨터 시대에 다시 중요해졌다.

그는 1672년부터 1676년까지 파리에서 외교관으로 근무했는데, 이때 크리스티안 하위헌스(Christiaan Huygens, 1629~1695)를 통해 근대 수학을 접했다. 그리고 얼마 후 뉴턴과는 별개로, 자신이 최초로 이름을 붙인 미분법과 적분법을 개발했다. 비록 뉴턴보다 늦긴 했지만, 뉴턴은 자신의 연구 결과를 발표하지 않은 터였다. 그래서 이에 대한 최초의 출판물은 라이프니츠에 의해 이뤄졌다.

라이프니츠는 뉴턴과는 완전히 다른 방식으로 새로운 이론을 정립했다. 그는 떨어지는 사과엔 관심이 없었고, 오히려 모든 것에 좀더 수학적으로 접근했다. 돌이켜보면 이것이 그의 장점이었다. 그의 연구 결과를 바탕으로 세계의 독일어권 수학자들은 이론을 더욱 발전시킬 수 있었다. 라이프니츠의 방법과 용어는 오늘날에도 여전히 많이 사용되고 있다. 그는 기호의 선택에 큰 가치를 두었다. "기호를 선택할 때는 발명에 편리하도록 해야 한다. 그때가 언제냐면 기호가 사물의 본질을 간결하게 표현하고, 마치 그 본질을 형상화하는 것처럼 보일 경우다. 이렇게 하면 사고 과정이 놀라울 정도로 줄어든다." 라이프니츠는 미분과 적분 기호 ($\frac{d}{dx}$와 $\int$)를 발명했을 뿐만 아니라 곱셈 기호(·, ×: 라이프니츠는 변수 x와 혼동될 수 있어 ·을 곱셈 기호로 사용했다. 종종 생략하기도 한다—옮긴이)도 발명했다.

물론 뉴턴은 표절 의혹에 격노했다. 그는 라이프니츠가 책을 출판하기 전에 서신으로 자신의 연구에 대해 알려주었다고 주장했다. 이때 라이벌에게 너무 많은 것을 밝히지 않기 위해 자신의 텍스트를 암호화했다. 예를 들면 "6a cc d ae 13e ff 7i 31 9n 4o 4q rr 4s 9t 12v x"라는 메시지가 있었다. 뒤죽박죽인 이 문자들의 의미는 다음과 같았다. "유량(流量: 유체가 단위 시간 동안에 흐르는 양—옮긴이)을 나타내는 임의의 수가 포함된 방정식이 주어졌을 때 유율(流率: 변화하는 양의 순간 속도—옮긴이)을 계산할 수 있으며, 그 반대의 경우도 마찬가지다." [뉴턴은 미적분 대신 '유율법(流率法)'이라고 불렀다—옮긴이.] 라이프니츠는 아마도 이 메시지를 놓쳤을 것이다. 미적분학을 발명하는 것보다 뉴턴의 암호를 해독하는 데 더 많은 독창성이 필요했을 테니 말이다.

뉴턴은 생전에 이미 높은 평가를 받았기 때문에 라이프니츠와의 격렬한 논쟁에도 불구하고 영국에서 많은 지지를 확보할 수 있었다. 이 논쟁은 20세기까지도 영국과 독일 과학자들 사이에 계속해서 긴장을 불러일으켰다.

0과 1의 세계

라이프니츠는 미분학뿐만 아니라 0과 1로만 숫자를 표현하는 새로운 방법을 후대에 남겼다. 오늘날 2진법이라 불리는 이것은 그 어느 때보다 중요해졌다. 잘 알려져 있다시피 컴퓨터를 비롯한 전자 기기는 두 자리 숫자만 인식하기 때문이다. 1은 전원 켜짐이고, 0은 전원 꺼짐이다.

인류는 숫자의 자릿값 체계에 대해 인도인에게 감사해야 한다. 자릿값 체계에서 숫자는 위치에 따라 다른 값을 갖는다. 이것이 오늘날의 ABC 학생(알파벳을 배우는 초급 학생—옮긴이)들이 1, 10, 100, 1,000에 대해 배우는 방식이다. 그러나 수학적으로는 숫자의 값이 한 자리에서 다른 자리로 옮겨갈 때 10배로 증가할 이유가 없다. 8배나 12배로도 쉽게 증가할 수 있다. 하지만 12배로 증가하면 10과 11에 대한 2개의 새로운 기호가 필요하다. 심지어 2배로 증가할 수도 있다. 후자는 모든 숫자가 두 자리, 즉 0과 1로 이뤄지는 만능 천재 라이프니츠의 2진법으로 귀결된다. 2를 쓰려면 2개의 자릿수를 가진 10이 필요하다. 〔2진법으로 2를 표현하면, $2 = 1 \times 2^1 + 0 \times 2^0$이 된다. 기호로 나타내면 $10_{(2)}$이다—옮긴이.〕 3부터 12까지의 다른 숫자들은 11, 100, 101, 110, 111, 1000, 1001, 1010, 1011, 1100이다. 이 숫자 체계에서 더하기·빼기·곱하기·나누기는 일반적인 인도-아라비아 숫자와 동일한 방식으로 작동한다. 매우 간단하다. 더하기는 $0 + 0 = 0$, $0 + 1 = 1$, $1 + 0 = 1$ 그리고 다소 특이하게도 $1 + 1 = 10$만 기억하면 된다. 예를 들어보자.

$$\begin{array}{r} 110011 \\ +\ \ 10110 \\ \hline 1001001 \end{array}$$

(위의 규칙에 따라 각 자릿수를 덧셈하면 된다. 두 번째 자릿수에서 $1 + 1 = 10$이 되므로, 세 번째 자릿수로 1이 올라가는 것이다—옮긴이.)

110011은 51〔$= 32 + 16 + 2 + 1 = 1 \times 2^5 + 1 \times 2^4 + 0 \times 2^3 + 0 \times 2^2 + 1 \times 2^1 + 1 \times 2^0$(모든 수의 0제곱은 1로 간주한다—옮긴이)〕에 해당한다. 10110은 22(= 16 +

$4+2=1\times2^4+0\times2^3+1\times2^2+1\times2^1+0\times2^0$)를 나타낸다. 그리고 1001001은 $73(=64+8+1=1\times2^6+0\times2^5+0\times2^4+1\times2^3+0\times2^2+0\times2^1+1\times2^0)$에 속한다.

곱하기의 계산 규칙은 $0\times0=0$, $0\times1=0$, $1\times0=0$, $1\times1=1$로 훨씬 더 간단하고 친숙하다. 따라서 서면 곱셈은 순수한 덧셈 작업이 된다.

$$
\begin{array}{r}
110011 \times 10110 \\
\hline
110011 \\
110011 \\
110011 \\
\hline
10001100010
\end{array}
$$

10001100010은 $1,122(=1,024+64+32+2=2^{10}+2^6+2^5+2^1)$다.

2진법 수는 다음과 같은 단점이 있다. 즉, 상대적으로 작은 숫자라도 상당히 길어져 한눈에 파악하기 어렵다. 가령 1,122의 경우는 숫자가 얼마나 큰지 바로 알 수 있지만, 1000110001은 먼저 자릿수를 세어봐야 숫자를 추정할 수 있다.

컴퓨터는 숫자를 0과 1의 일렬로 변환할 뿐만 아니라 텍스트도 그렇게 한다. 컴퓨터는 각 문자에 8개의 연속된 0과 1의 매우 특정한 패턴을 할당한다. 이를 통해 매우 빠르게 계산할 수 있을 뿐만 아니라 텍스트를 입력하고 데이터를 처리할 수 있다.

라이프니츠는 일찍이 18세기 초에 비슷한 생각을 했다. 그는 아마도 복잡한 계산을 거친 후 이진(二進) 코드화된 진술이 참인지 거짓인지 판단하는 범용 컴퓨터 프로그램을 만들고 싶어 했을 것이다. 이러한 비전은 시대를 훨씬 앞선 것이었고, 수학자들은 20세기 중반에 이르러서야

라이프니츠에게 수학은 논리적 사고의 모델이었다. "우리의 결론을 좀더 낫게 하는 유일한 방법은 수학자처럼 생생하게 만들어서 눈으로 자신의 오류를 발견하는 것이다. 사람들 사이에 의견이 일치하지 않을 때는 더 이상 격식을 차리지 말고 누가 옳은지 '계산해보자!'라고 말만 하면 된다."

이 접근법을 다시 추구하기 시작했다.

오늘날 라이프니츠의 생각은 더 이상 실현 불가능하지 않다. 컴퓨터 기반의 전문가 시스템은 이제 경제와 기술에서 올바른 결정을 내리는 데 자주 도움을 주고 있다.

신의 존재 증명

귀도 그란디(Guido Grandi, 1671~1742)는 수학에서 무한이 일으키는 기괴한 현상들로부터 신의 존재를 증명했다고 주장했다. 이탈리아의 수도사이자 수학자인 그는 번갈아가며 1을 더하고 1을 빼면 어떤 결과가 나올지 생각했다. 1−1＋1−1＋1−1 ⋯. 한편으로는 (1−1)＋(1−1)＋(1−

1)+…=0을 계산했고, 다른 한편으로 1-(1-1)-(1-1)-…=1을 구
했다. 그의 놀라운 결론은 다음과 같다. 즉, 그러므로 신은 무에서 세상
을 창조할 수 있었다.

무한의 문제

무한히 작은 것의 기초가 논리적으로 의심의 여지 없이 증명되기까지
는 100년이 훨씬 지나야 했다. 1784년 베를린 과학 아카데미는 "수학에
서 무한대라고 불리는 것에 대해 빛나고 엄격한 이론"을 제시할 수 있
는 사람에게 상금을 수여하겠다고 발표했다. 대회 공고문에는 고등 수
학이 "종종 무한히 크고 무한히 작은 양을 사용하지만, 고대 학자들은
무한을 조심스럽게 피했고, 우리 시대의 몇몇 저명한 분석가들은 무한
량이라는 단어가 모순적이라고 고백한다"고 명시돼 있었다.

상금은 지급되지 않았다. 심지어 미분법의 오류가 그 안에서 서로 상
쇄된다고 주장하며 입증하려 했던 프랑스 수학자 라자르 니콜라스 마
르그리트 카르노(Razare Nicolas Marguerite Carnot, 1753~1823)에게도 수여되
지 않았다.

18세기까지 새로운 이론은 강하게 비판받고 의문을 불러일으켰다.
예를 들어, 아일랜드의 주교이자 신학자·철학자인 조지 버클리(George
Berkeley, 1685~1753)는 수학이 신학보다 그 기초가 더 불확실하다고 주
장했다. 그는 1734년에 쓴 〈믿음이 없는 수학자에게 보내는 설교〉라는

글에서 현대 해석학의 주제, 원리, 추론이 종교적 신비와 신앙의 교리보다 더 명확히 이해되거나 더 설득력이 있는지 조사했다. 버클리의 판결은 분명히 종교에 우호적이었다.

하지만 동시에 미분법은 큰 성공을 거두었다. 과학자들은 특히 역학과 천문학의 많은 물리적 질문에 미분법을 적용했다. 이로써 행성, 위성, 혜성의 궤도뿐만 아니라 태양과 달의 일식도 놀라운 정확도로 계산할 수 있었다. 포병 부대와 조선업에서도 진전을 이뤘다. 그러나 과학은 지배 귀족을 중심으로 발전했기 때문에 그러한 연구 결과가 수공업으로 내려오는 경우는 드물었다. 장인들은 학문 기관의 정교한 수학을 알지 못한 채 자신의 경험적 지식에 의존했다.

베르누이 형제

새로운 이론에 대해 처음으로 다룬 사람들 중에는 스위스 출신의 수학자 자코브(Jakob)와 요한 베르누이(Johann Bernoulli) 형제도 있었다. 이들은 뉴턴과 라이프니츠 사이의 논쟁에서 독일 편에 섰다.

두 사람은 특별한 집안 출신이었다. 여러 세대에 걸쳐 수학과 물리학의 거의 모든 분야에 공헌한 8명의 뛰어난 수학자를 배출한 집안이었다. 하지만 베르누이 형제는 뛰어난 재능만큼이나 오만하고 친척들의 성공을 시기하기도 했다. 혼란을 피하기 위해 자코브 1세라고 불린 자코브(1654~1705)는 부모님에 의해 교회에서 경력을 쌓을 운명이었다. 그는 착실히 철학과 신학을 공부했다. 하지만 나중에 다른 많은 가족 구성원이 그랬던 것처럼 자연과학을 독학했다. 졸업 후에는 프랑스, 네덜란드, 영국으로 건너가 당시 저명한 과학자들을 만났다. 바젤(Basel)로 돌아와서는 대학에서 실험물리학을 가르쳤다.

자코브의 열두 살 아래 동생 요한 1세(1667~1748) 역시 수학적 재능과 흥미가 상당했다. 요한은 부모님의 바람대로 상인이 되어 아버지의 향신료 사업을 이어받아야 했다. 그러나 요한이 사업에 별다른 의지를 보이지 않자 부모는 그에게 의학만 공부할 수 있도록 허락했다. 하지만 요한은 2년 동안 몰래 자코브에게 수학을 배웠다.

얼마 후, 요한이 자신의 지식과 깨달음에 대해 떠벌리기 시작하자 그의 형이자 예전 스승인 자코브는 동생의 연구가 자신의 것을 베낀 것에 불과하다고 선언했다. 자코브는 스위스 바젤 대학교의 수학과 학과장으로 임명된 후, 동생의 임용을 반대해 성공하기도 했다. 그러자 요한은 파리로 가서 기욤 드 로피탈(Guillaume de l'Hôpital, 1661~1704) 후작의 개인 가정교사로 넉넉하고 안정적인 월급을 받으며 일했다. 그러나 돈을 받는 대가로 자신의 연구 결과를 후작에게 넘겨야 했다. 후작은 자신의 이름으로 연구 결과를 출판하며, 서문에서만 겨우 "베르누이 형제의 많은 훌륭한 아이디어"에 대해 감사를 표했을 뿐이다. 요한은 자신의 저자권(authorship)을 주장했지만 아무도 그를 믿지 않았다. 20세기에 들어서야 그의 주장이 옳았다는 걸 증명하는 문서가 발견됐다. 오늘날 모든 수학과 1학년 학생들이 배우는, 이른바 '로피탈의 정리(분모·분자가 극한 혹은 극소로 수렴할 때 값을 구하는 식—옮긴이)'는 사실 '요한 베르누이의 정리'

라고 불러야 마땅하다.

　파리에서 네덜란드 흐로닝언(Groningen) 대학교로 옮긴 요한은 마침내 바젤 대학교에서 그리스어 교수직을 제안받았다. 스위스로 떠나기이틀 전, 형 자코브가 결핵으로 사망했다. 바젤 대학교에 도착하자마자요한은 즉시 형의 자리를 이어받았다.

　요한은 자신의 운명에서 아무것도 배우지 못한 게 분명했다. 자신의부모와 마찬가지로 그는 세 아들에게 수학은 돈이 안 되는 예술이라고말했다. 아들 중 가장 재능이 뛰어난 다니엘 1세(Daniel I, 1700~1782)에게는 상인이 되라고 강요했다. 다니엘이 격렬하게 저항하자 의학을 공부하도록 허락했다. 중요한 것은 아들이 자신과 수학에서 경쟁자가 되지않는다는 점이었다. 반면, 다니엘은 어린 시절의 아버지와 마찬가지로

자코브와 요한 베르누이 형제가 수학 문제에 대해 이 그림처럼 의좋게 작업한 경우는 드물다.

형인 니콜라우스 2세(Nikolaus II, 1695~1726)에게 수학을 배웠다. 그는 훗날 베네치아에서 의사로 일했지만 성공적인 연구자로도 활동했다. 예를 들어, 당시 유럽에서 큰 인기를 끌던 카드 놀이 파로(Pharo)의 전략과 승률을 분석했다. 마침내 표트르 대제는 그에게 상트페테르부르크 과학 아카데미의 교수직을 제안했다.

다니엘은 그곳에서 수학 교수직을 제의받은 형 니콜라우스와 함께 1725년 상트페테르부르크로 갔다. 하지만 두 형제가 도착하고 8개월 후, 니콜라우스는 열병에 걸려 사망했다. 다니엘은 아버지 요한보다 가족에 대한 애정이 더 컸던 것 같다. 그는 슬픔에 잠겨 고향 바젤로 돌아가고 싶어 했다. 하지만 요한은 자신의 문간 바로 앞에서 경쟁이 벌어지는 걸 용납하지 않았다. 그래서 제자 중 한 명인 레온하르트 오일러를 상트페테르부르크로 보냈다. 오일러 역시 천재였으므로 다니엘에게는 이상적인 파트너였다.

그럼에도 다니엘은 러시아에서의 생활이 마음에 들지 않았고, 결국 병을 핑계로 바젤로 돌아왔다. 다니엘과 요한은 파리 과학 아카데미에서 주최한 대회에 참가했는데, 공동으로 1등상을 나눠 가져야 했다. 요한은 아들을 자랑스러워하기는커녕 그와 동등한 위치에 서는 걸 견딜 수 없었다. 그래서 곧바로 아들을 집에서 쫓아냈다.

유체의 움직임에 관한 다니엘의 주요 저작 《유체역학(Hydrodynamica)》을 둘러싼 문제도 있었다. 요한은 이것을 몇 년 전에 자신이 썼다며 《수리학(Hydraulica)》이라는 제목으로 책을 출판해 아들의 명성을 훔치려 했다. 하지만 표절이 발각됐고, 요한은 전문가들의 조롱을 받았다.

가장 빠른 공의 경로

1696년 요한 베르누이는 '세계에서 가장 독창적인 수학자'들에게 다음과 같은 문제를 제시했다. "점 A를 같은 수직면에 있는 점 B와 곡선으로 연결하면, 이 곡선을 따라 미끄러지는 무거운 점이 가능한 한 짧은 시간 안에 A에서 B로 이동해야 한다." 목표는 높은 시작점에서 낮은 끝점까지 최대한 빨리 굴러갈 수 있는 공의 경로 모양을 찾는 것이었다.

요한 베르누이는 뉴턴, 라이프니츠, 드 로피탈, 형 자코브 그리고 자신으로부터 각각 하나씩 총 5개의 정답을 확보했다. 갈릴레이의 불완전한 해도 포함되어 있었다. 공이 가장 빠르게 굴러가는 곡선을 최단기간 강하 곡선인 '브라키스토크론(Brachystochrone)'이라고 한다. 이 곡선은 가파르게 시작해 점점 더 평평해지므로, 공은 처음에 빠르게 속도를 얻고 끝까지 그 속도를 유지한다.

생산적인 오일러

레온하르트 오일러는 다니엘 베르누이의 상트페테르부르크 파트너였는데, 자신만의 연구로 베르누이 형제를 압도했다. 역사상 가장 생산적인 수학자로 평가받는 그의 저서는 70권이 넘는다. 놀랍게도 그중 거의 절반이 시력을 잃은 60세 이후에 쓴 것이다. (오일러는 어렸을 때부터 시력이 안 좋았는데, 과도한 연구로 눈이 멀고 말았다—옮긴이.) 많은 독창적인 저서 외에도 그는 계몽주의에 맞춰 수학 교과서를 저술했는데, 이 책들은 여러 세대에 걸쳐 수학자들에게 영향을 미쳤으며 오늘날까지도 모범적인 것으로 평가받는다.

오일러는 모든 수학 분야에서 활약했다. 오늘날 그의 이름은 오일러의 수(= 2.71828…: 자연로그의 밑수)와 쾨니히스베르크(Königsberg)의 다리 문제로 가장 잘 알려져 있다.

이 과제는 동프로이센의 쾨니히스베르크에서 프레겔강(Pregel) 위에 놓인 모든 다리를 정확히 한 번씩 건너는 산책로를 찾되 산책자가 출발한 지점으로 다시 돌아오는 것이 목표다.

몇 번 시도해보면 그런 순환 경로가 가능하지 않을지도 모른다는 의심이 들기 시작한다. 오일러는 바로 이 점을 증명했다. 그는 도로와 다리를 추상화하고 단순한 경로 네트워크를 그렸다. 그런 다음 프레겔강의 섬에 5개의 입구가 있다는 걸 발견했다. 만약 어떤 다리도 여러 번 건널 수 없다면 순환 경로를 완성할 수 없다. 왜냐하면 섬에 한 번 들어갈 경우 다른 다리를 통해 섬을 떠나야 하기 때문이다. 그리고 이것은 다리의 수가 짝수일 때에만 가능하다. 비슷한 논리를 섬에서 경로가 시작될 때도 적용할 수 있다. 결국 마지막에는 섬으로 돌아와야 하기 때문이다.

오일러는 수학적 추론에 재능이 있었다. 하지만 때때로 잘못을 저지르기도 했다. 예를 들어, 그는 방정식 $x^4 + y^4 + z^4 = w^4$을 만족하는 정수 x, y, z, w는 존재하지 않는다고 주장했다. 200여 년 동안 연필과 종이 그리고 컴퓨터를 사용해봤지만 그 반례를 찾지 못했다. 하지만 1988년 하버드 대학교의 노엄 엘키스(Noam Elkies, 1966~)가 이 방정식에 대한 해법을 발견했다.

$$2,682,440^4 + 15,365,639^4 + 18,796,760^4 = 20,615,673^4$$

수학자들에게는 어떤 주장이 처음 몇백만 개의 숫자에 적용된다고 해서 그게 사실이라고 단정할 수 없다. 하지만 오일러의 친구 크리스티안 골드바흐(Christian Goldbach, 1690~1746)의 추측 중 하나는 오늘날까지도 증명 또는 반증되지 않았다. 모든 짝수는 두 소수의 합으로 표현할 수 있다는 내용이 그것이다. 주장은 간단해 보이지만 이해하기 어려운 것 같다. 지금까지 가장 똑똑한 학자들의 노력도 헛수고에 그쳤다.

오일러는 매우 독특한 유머 감각을 갖고 있었다. 열병으로 오른쪽 눈을 잃은 후 그는 "이제 덜 산만해지겠군"이라고 말했다. 또 다른 일화는 무신론을 고백한 드니 디드로(Denis Diderot, 1712~1784)와의 논쟁에 관한 것이다. 오일러는 프랑스 작가이자 계몽주의의 선구자인 디드로에게 이렇게 친절하게 말했다고 한다. "선생님, $a + \dfrac{b^n}{n} = x$이므로 신은 존재해요. 말씀해보세요!" (그냥 어려워 보이는 아무 공식이나 제시해본 것이다—옮긴이.) 디드로는 그 공식을 이해하지 못했지만 그걸 인정하고 싶지 않아 침묵을 지켰다. 청중은 디드로를 비웃었고, 그는 황급히 프랑스로 돌아갔다.

술꾼들

시력을 잃은 오일러는 《초급 및 고급 대수학에 대한 완벽한 가이드》를 자신의 하인에게 받아 적도록 했다. 하인은 재봉사 출신이었는데, 수학

교육을 받아본 적이 없었다. 전해지는 바에 따르면, 오일러는 심지어 하인조차 이해할 수 있을 정도로 내용을 쉽게 다듬었다고 한다.

이 책에 나오는 한 과제는 다음과 같다. "20명의 남녀가 술집에서 먹고 마시고 있다. 한 남자당 8그로셴(Groschen: 옛 독일에서 사용한 작은 은화―옮긴이), 한 여자당 7그로셴어치를 먹어서 지불해야 할 총금액이 6라이히스탈러(Reichstaler: 독일의 옛 은화. 1라이히스탈러는 24그로셴―옮긴이) 나왔다. 자, 이제 문제. 거기에는 남자와 여자가 각각 몇 명 있었을까?"

남자의 수를 x로 표시하면, 여자는 $20-x$다. 1인당 남자는 8그로셴, 여자는 7그로셴어치를 먹었으므로 총금액은 $x \times 8 + (20-x) \times 7$이다. 이들이 모두 144그로셴(6라이히스탈러)을 썼으므로 $x \times 8 + (20-x) \times 7 = 144$라는 식이 성립한다. 괄호를 풀면 $x \times 8 + 140 - x \times 7 = 144$다. 이제 140을 오른쪽으로 가져가면 $x=4$가 된다. 따라서 술집에는 남자 4명과 여자 16명이 있었다.

모호함의 수학

나쁜 평판을 가진 오락이 한 진지한 수학 분야의 기원으로 여겨진다. 확률론의 탄생으로 이어진 도박이 바로 그것이다. 18세기 초, 수학자 피에르시몽 라플라스는 이렇게 평가했다. "도박 관찰로 시작된 한 학문이 인간 지식의 가장 중요한 것 중 하나가 되었다는 사실은 주목할 만하다."

물론 고대 문명의 주민들도 주사위 놀이에 열정을 가졌다. 하지만 학자들은 중세 말기에 이르러서야 이 주제에 관심을 갖기 시작했다. 한편으로 우연은 인간의 지식에서 영원히 숨겨져 있을 것이라는 아리스토 텔레스의 말을 신조로 여겼기 때문이고, 다른 한편으로 도박은 본래부터 의심스러운 행위로 간주되었으며 교회는 물론이고 국가에서도 자주 엄격히 금지했기 때문이다.

일찍이 13세기에 주사위 놀이를 수학적으로 탐구한 시 〈노인에 관하여(De vetula)〉는 6운율의 시구를 활용해 주사위 3개로 가능한 모든 수의 개수, 즉 216(=6³)개의 결과를 나열했다. 익명으로 출판된 이 시는 현재 아미앵(Amiens) 대성당의 서기장으로 있던 리샤르 드 푸르니발(Richard de Fournival, 1201~1260)의 작품으로 알려져 있다.

하지만 악명 높은 도박꾼들의 운명만 우연의 계산에 기댄 것은 아니었다.

14세기에 이탈리아와 네덜란드에서 최초의 보험 회사가 등장했다. 처음에는 선박을 전문으로 했다. 무역 항해의 위험을 보장하기 위해 12~15퍼센트의 보험료를 지불하는 것이 관례였다. 상인들 역시 다음 해의 곡물 수확이나 채권을 구매할 때 위험을 평가하고 싶어 했다. 불확실한 미래의 가치를 사고파는 이러한 거래는 당시 점점 더 중요해졌다. 동시에 자연과학에서도 실험의 중요성이 갈수록 커졌다. 학자들은 반복 측정에서 발생하는 무작위적 오류를 추정하려 했다.

15세기에 나온 확률 이론에 관한 최초의 저서는 《주사위 놀이에 관한 책》이다. 이 책의 저자 지롤라모 카르다노는 여러 개의 주사위를 던졌을 때 특정 주사위 숫자의 합이 나올 확률을 계산했다. 예를 들어, 주사위 2개를 사용하면 다음과 같은 결과를 얻을 수 있다.

1;1	1;2	1;3	1;4	1;5	1;6
2;1	2;2	2;3	2;4	2;5	2;6
3;1	3;2	3;3	3;4	3;5	3;6
4;1	4;2	4;3	4;4	4;5	**4;6**
5;1	5;2	5;3	5;4	**5;5**	5;6
6;1	6;2	6;3	**6;4**	6;5	6;6

가령 3가지 경우에서 주사위 눈의 합은 10이 된다. 두 주사위 모두 5가 나오거나 하나는 6, 다른 하나는 4가 나오는 경우다. 카르다노는 "후자의 경우는 2가지 방식으로 발생할 수 있다"고 설명한다. 첫 번째 주사위 6, 두 번째 주사위 4가 나오거나 그 반대의 경우다. "따라서 주사위 눈의 합이 10일 가능성은 $\frac{1}{12}$과 같다." $\frac{3}{36} = \frac{1}{12}$이기 때문이다.

당시 학자들은 중단된 경기와 상금 배분 문제에 대해 오랫동안 토론을 벌였다. 예를 들어, 루카 파치올리(Luca Pacioli, 1445~1514: 이탈리아의 수학자—옮긴이)는 6게임을 먼저 이기는 쪽이 승리하는 두 팀의 공놀이에 대해 설명한다. 승자는 22두카트의 상금을 받게 되는데, 경기가 중단되었을 때 한 팀은 5승, 다른 팀은 3승을 거둔 상태였다. 상금을 어떻게 공정하게 나눠야 할까?

파치올리는 승리를 위해 획득한 점수에 비례해 상금을 지급할 것을 제안했다. 한 팀은 승점의 8분의 5를 획득했으므로 22두카트 중 8분의 5, 즉 13.75두카트를 받고, 다른 팀은 승리의 8분의 3을 확보했으므로 상금의 8분의 3인 8.25두카트를 받는 식이다.

카르다노는 이런 해법이 팀의 우승에 필요한 승리 횟수를 고려하지 않았다고 비판했다. 카르다노의 아이디어에 따르면 5승을 거둔 팀은 18.86두카트를 받아야 하고, 3승을 거둔 팀은 나머지 3.14두카트를 받아야 한다. 이 역시 공정하지는 않았다.

카르다노의 방정식 풀이 경쟁자 니콜로 타르탈리아도 이 문제를 다뤘는데, 그는 파치올리의 접근 방식이 "용납할 수 없고 좋지도 않다"고 비판했다. 규칙에 따르면, 한쪽이 게임에서 한 번만 더 이길 경우 전체 상금을 받을 터였다. 그는 여섯 번을 먼저 이긴다는 게 결코 확실하지 않기 때문에 이는 "명백히 말도 안 되는 일"이라고 말했다. 심지어 타르탈리아 자신도 상금을 나누는 자신의 방식이 유일하게 옳은 게 아니라 가장 이의를 제기할 여지가 적은 제안이라고 설명했다. 그는 이 문제는 수학적으로 명확하게 해결할 수 없고 오직 법적으로만 해결할 수 있다고 확신했다. 그로부터 약 150년 후, 블레즈 파스칼과 피에르 드 페르마는 이것이 오류라고 밝혔다.

역사학자들은 확률 이론의 탄생을 1654년에 이뤄진 이 두 학자 간의 편지 교환으로 본다. 그해에 파스칼은 〈오늘날까지 완전히 탐구되지 않은 영역, 즉 우연에 좌우되는 게임에서의 확률 분포에 대해〉라는 제목의 논문을 발표할 예정이었다.

페르마는 실제로 툴루즈(Toulouse)의 변호사였으며 역사상 가장 유명한 아마추어 수학자로 꼽힌다. 가장 영리한 사람들이 350년 동안 증명하기 위해 헛되이 노력한 마지막 정리 때문에 오늘날 유명해진 인물이다. 그의 위업은 20세기 말에야 달성됐다. 반면, 그의 상대인 파스칼은 전문 수학자였다. 파스칼은 어린 시절 수학자라는 직업을 꿈꾸기 위해 아버지와 싸워야 했다. 아버지는 그가 열다섯 살이 될 때까지 수학 공부하는 걸 금지했기 때문이다. 금지령은 오히려 아들의 호기심을 자극했고, 그는 스스로 기하학을 배웠다. 파스칼은 열두 살이라는 어린 나이에 삼각형 내각의 합은 180도라는 증명을 독자적으로 찾아냈다. 아버지는 어린 아들의 노력을 눈치챈 후, 자신의 고집을 꺾고 유클리드의 《원론》을 읽도록 허락했다.

파스칼이 도박을 연구하게 된 것도 운명의 장난이었다. 도박의 유혹에 굴복한 적이 없는 독실한 종교인이었기 때문이다. 이 수학자는 심지어 자신의 신념을 엄격하게 논리적으로 정당화하기도 했다. "신은 존재한다. 혹은 존재하지 않는다. 나는 신을 믿는다. 혹은 믿지 않는다. 이로써 4가지 가능성이 나온다." 1. 신은 존재하고 파스칼은 그를 믿는다. 2. 신은 존재하지 않지만 파스칼은 그를 믿는다. 3, 신은 존재하지만 파스칼은 그를 믿지 않는다. 4. 신은 존재하지도 않고, 파스칼도 그를 믿지 않는다. "이 가능성 중 하나만 나에게 불리하다." 신은 존재하지만 파스칼은 신을 믿지 않는다. "이 가능성을 배제하기 위해 나는 신을 믿는다."

파스칼은 친구인 슈발리에 드 메레(Chevalier de Méré, 1607~1685)로부터 확률 이론을 배웠다. 열렬한 도박꾼이었던 드 메레는 2가지 의문이 머릿속에서 떠나지 않았다. 하나는 주사위 놀이, 다른 하나는 중단된 경기 문제였다. 파스칼과 페르마는 2가지 문제를 모두 해결했다. 두 번째 과제에서 그들은 마음속으로 놀이를 계속하면서 각 선수 또는 팀이 전체적으로 승리할 확률을 계산했다. 예를 들어, 파치올리의 경기에서는 팀 간 점수가 5 대 3일 때 먼저 6점을 획득한 쪽이 승리한다. 여기서는 최대 세 경기 후에 승부가 결정 난다. 파스칼과 페르마는 만약 남은 세 경기를 모두 뒤처진 팀이 이긴다면, 그 팀이 상금을 받을 수 있다고 주장했다. 이 경우 두 팀의 실력이 같다면, 지고 있는 팀이 이길 확률은 $\frac{1}{2} \times \frac{1}{2} \times \frac{1}{2} = \frac{1}{8}$ 또는 12.5퍼센트이고, 이기고 있는 팀의 경우는 $\frac{7}{8}$ 또는 87.5퍼센트다.

따라서 승자의 상금을 1 대 7의 비율로 두 당사자가 나누어 가져야 한다.

다른 경우에서 중단된 경기 문제는 더욱 복잡하다. 그의 이름을 딴 숫자 삼각형의 도움으로 파스칼은 상금의 공정한 분배를 결정할 수 있었다. 예를 들어, 한 선수가 2승이 더 필요하고 다른 선수가 4승이 필요한 경우, 승부는 최대 다섯 번 더 경기를 한 후에 끝난다. 아무리 늦어도 그때가 되면 둘 중 한 명은 필요한 상금을 얻을 것이기 때문이다. (만약 B가 연속으로 네 번 모두 이길 경우 네 번만 경기를 하면 된다. 그런데 A가 한 번 이기고, B가 네 번 이기는 경우가 발생할 수 있다. 아울러 A가 두 번 이기면 경기는 끝난다―옮긴이.) 판돈을 어떻게 나눌 것인지는 이른바 '파스칼의 삼각형' 여섯 번째 행(1, 5, 10, 10, 5, 1)에서 확인할 수 있다. (1＋5＋10＋10):(5＋1), 즉 26 대 6의 비율이다. (2승이 필요한 선수가 26, 4승이 필요한 선수는 6이다―옮긴이.)

중국 학자들은 이미 몇 세기 전부터 블레즈 파스칼의 이름을 딴 이 숫자 삼각형을 알고 있었다. 삼각형의 숫자는 대각선으로 그 위에 있는 왼쪽과 오른쪽 두 숫자의 합이다. 그리고 맨 왼쪽과 오른쪽에 각각 1을 추가한다. 아라비아 숫자로 표기된 삼각형은 다음과 같이 보인다.

```
                        1
                    1       1
                1       2       1
            1       3       3       1
        1       4       6       4       1
    1       5      10      10       5       1
 1      6      15      20      15       6       1
1     7     21     35     35     21     7     1
```

이와 같이 삼각형을 생성하는 계산 규칙은 간단하지만, 여러 수학 분야에서 그 응용은 매우 다양하다. 한 줄의 숫자는 확률 계산은 물론 합의 곱셈에도 나타난다. 예를 들어, 일곱 번째 행은 $0(1=b^0, 1=a^0$을 의미한다—옮긴이)에서 계산을 시작하면 다음과 같은 식으로 나타낼 수 있다.

$$(a+b)^6 = 1 \times a^6 + 6 \times a^5 b + 15 \times a^4 b^2 + 20 \times a^3 b^3 + 15 \times a^2 b^4 + 6 \times ab^5 + 1 \times b^6$$

이것은 일곱 번째 행뿐만 아니라 모든 행에서 작동한다. 삼각형을 아래쪽으로 확장하면, 이런 식으로 $(a+b)^{100}$의 계수를 만들 수도 있다.

파스칼은 페르마에게 보낸 편지에서 드 메레의 다른 문제를 다음과 같이 설명했다. "주사위로 6이 나오게 하려면 네 번을 던지는 것이 유리하다." 그 확률은 약 0.518로, 네 번 던지면 50퍼센트 이상은 6을 얻을 수 있기 때문이다. 4와 6의 비율(주사위 한 개를 던졌을 때 나오는 가능한 결과의 수)은 24와 36의 비율(주사위 2개를 던졌을 때 가능한 결과의 수)과 같으므로, 드 메레는 주사위 2개로 던질 때 스물네 번을 시도해야 50퍼센트 이상의 확률로 '더블 6[6이 연속 2회 나오는 것, 즉 (6,6)-옮긴이]'이 나올 수 있다고 생각했다. 하지만 주사위 던지기로 꽤 많이 졌기 때문에 그의 생각이 틀렸다는 게 입증됐다. 스물네 번의 주사위 던지기에서 더블 6을 얻는 쪽에 도박을 걸었지만 절반 이상의 확률로 잃고 만 것이다. 편지에서 파스칼은 이것이 "그가 그토록 큰 충격을 받은 이유다"라고 썼다. 수학자는 아니지만 '유능한 인재'였던 드 메레가 수학적 진술은 불확실하고 산술은 모순이라고 주장한 까닭이 바로 여기에 있었다.

페르마와 파스칼은 또한 열렬한 도박꾼 드 메레의 두 번째 문제를 해결했다. 이를 위해 그들은 오늘날 확률 이론에서도 여전히 흔한 트릭을 사용했다. 여사건을 통해 논박한 것이다. 6이 나오는 것의 반대는 6이 안 나오는 것이다. 이는 여섯 번 중 다섯 번 발생하므로 확률은 $\frac{5}{6}$다. 네 번 던져서 6이 안 나올 확률을 알아내려면 이 값을 그 자체로 네 번 곱해야 한다.

$$\frac{5}{6} \times \frac{5}{6} \times \frac{5}{6} \times \frac{5}{6} = (\frac{5}{6})^4 = 0.482 \cdots$$

6이 안 나온 것의 반대는 6이 하나 이상 나오는 것이다. 세 번째 또 다른 가능성은 없고, 둘 중 하나만 가능하므로 이 사건의 확률은 1 - 0.482 = 0.518로 계산할 수 있다. 동일한 방법을 사용해 스물네 번 던질 때 최소 한 번 이상의 더블 6이 나올 확률을 계산할 수도 있다. 2개의 주사위를 던질 때 가능한 결과는 36개이고, 그중 하나만 더블 6이므로 2개의 주사위를 한 번 던질 때 더블 6이 나올 확률은 $\frac{1}{36}$[(6,6)-옮긴이]

이다. 그리고 스물네 번 시도할 때는 $1-(\frac{35}{36})^{24}=0.491\cdots$이다. (원래부

터 50퍼센트 이하였던 셈이다-옮긴이.)

파리에 머무는 동안 네덜란드의 수학자이자 물리학자 크리스티안 하

위헌스는 파스칼과 페르마의 서신을 접하고 즉시 이 주제에 매료됐다.

하지만 그는 "그들이 각각의 방법을 너무 비밀에 부쳐서 처음부터 전체

내용을 직접 개발해야 했다"고 불평했다. 그러곤 얼마 지나지 않아 확

률 이론에 관한 최초의 교과서를 저술했다. 그는 이 책이 "경기와 오락

에 관한 것이 아니라" 오히려 "아름답고 매우 심오한 이론"이라고 썼다.

책의 마지막에서 하위헌스는 5가지 과제를 공식화했다.

그중 두 번째는 다음과 같다. A, B, C 3명의 선수가 눈을 가린 채 흰

색 공 4개와 검은색 공 8개가 들어 있는 항아리에서 공을 뽑는 놀이다.

A가 먼저 뽑고, 그다음 B, 마지막으로 C가 뽑을 수 있다. 가장 먼저 흰

색 공을 뽑는 선수가 승자다. 세 선수의 확률은 어떻게 될까?

A는 항아리에 12개의 공이 들어 있는 상태에서 놀이를 시작하며, 그중

4개는 흰색이다. 따라서 그가 이길 확률은 $\frac{4}{12}=\frac{1}{3}=0.3333\cdots$이다. A가

검은색 공을 뽑으면 B의 차례다. 그는 남은 공 11개 공 중 4개의 공이

흰색인 항아리에 손을 뻗는다. 따라서 $\frac{4}{11}$의 확률로 항아리에서 흰색 공

을 뽑는다. 그러나 A가 앞서 검은색 공을 뽑은 적이 있는 경우에만 차례

가 주어지며, 이는 열두 번 중 여덟 번의 경우에 발생한다. B가 이길 확

률은 두 경우의 확률을 곱하면 된다. $\frac{8}{12}\times\frac{4}{11}=\frac{32}{132}=\frac{8}{33}=0.2424\cdots$.

A와 B가 모두 운이 나쁘면, C가 마침내 흰색 공 4개와 검은색 공 6개

가 들어 있는 항아리에 손을 넣을 수 있다. C가 이길 확률은 A와 B가

각각 검은색 공을 뽑고, 자신이 흰색 공을 뽑는 경우로 계산할 수 있다. $\frac{8}{12} \times \frac{7}{11} \times \frac{4}{10} = \frac{224}{1320} = \frac{28}{165} = 0.16969\cdots$ 3명의 선수가 각각 검은색 공을 뽑으며 아무도 이기지 못할 확률은 $1 - 0.333\cdots - 0.2424\cdots - 0.16969\cdots = 0.25454\cdots$ 이다.

하위헌스는 교과서를 출간하고 8년이 지나서야 이 문제에 대한 해결책을 발표했다. 이후 동시대의 많은 사람이 이 문제에 대해 고민하고 이론을 더욱 발전시켰다.

그중 한 명이 자코브 베르누이다. 그는 4부로 구성된 《추측술(Ars conjectandi)》이라는 책에서 최초로 사건의 확률을 0과 1 사이의 숫자로 풀이했다. 1부에서 베르누이는 하위헌스의 문제 중 일부를 푼다. 2부에서는 다양한 가능성을 결합하는 방법을 논의한다. 3에서는 도박에 초점을 맞추었다. 4부가 가장 중요한데, 여기서 베르누이는 이른바 '큰 수의 법칙'을 처음으로 공식화하고 증명했다. 이 법칙은 오래전부터 상식화되었던 걸 수학 공식으로 요약했다. 즉, 장기적으로 보면 우연이 서로 균형을 이룬다는 것이다(확률에서 기댓값은 횟수를 더할수록 이론적 예측에 수렴한다는 뜻—옮긴이).

예를 들어, 동전을 던진다고 하자. 처음 다섯 번 던졌을 때 뒷면이 다섯 번 나올 수 있다. 하지만 1000번을 시도할 경우, 아무도 뒷면이 연속해서 1000번 나올 것이라고 기대하지 않는다. 오히려 앞면이 500번 정도 나올 것으로 예상할 수 있다. 동전을 더 자주 던질수록 앞면이 나올 경우는 던진 횟수의 절반에 가까워진다. 더 정확하게 말하면, 앞면이 나온 횟수를 던진 총횟수로 나누면, 동전을 충분히 자주 던진 경우의 결과는 언제든지 0.5에 가까워진다.

베르누이는 이렇게 썼다. "…능력치가 매우 떨어지는 사람이라도 자연스러운 본능에 의해, 어떤 사전 교육 없이 스스로 깨닫는다는 점이 매우 놀랍다. 즉, 심사숙고하며 관찰을 많이 할수록 목표를 달성하지 못할 위험이 줄어든다는 것이다." 물론 이 가정을 수학적으로 정확하게 공식화하고 증명하는 것은 또 다른 일이었다.

잘못된 선택

위대한 천재도 때때로 실수를 저지르곤 한다. 확률 이론에서는 이런 일이 비교적 자주 일어났고 지금도 그렇다. 특히 이 분야에서 세계에 대한 우리의 직관적 이해와 수학이 모순되는 경우가 자주 발생한다.

예를 들어, 독일의 만능 학자 고트프리트 빌헬름 라이프니츠는 2개의 주사위를 던질 때 눈의 합은 9든 10이든 확률이 똑같다고 주장했다. 주사위가 4와 5 또는 3과 6이 나오면 9, 4와 6 또는 5와 5가 나오면 10이다. 따라서 두 합은 각각 2가지 방법으로 나올 수 있으며, 결국 확률도 똑같다는 것이 그의 추론이었다. 여기서 실수는 '4와 5'(또는 '3과 6' 및 '4와 6')라는 결과가 실제로는 2가지 방법으로 나타날 수 있다는 데 있다. 예컨대 첫 번째 주사위에 4가 나오고 두 번째 주사위에 5가 나오거나, 첫 번째 주사위에 5가 나오고 두 번째 주사위에 4가 나올 수 있다. 반면, 연속해서 5가 두 번 나오는 더블 5의 경우는 한 가지 방법만 가능하다. 2개의 주사위는 36가지 다른 방식으로 나올 수 있으므로, 9의 합은 $\frac{4}{36} = \frac{1}{9}$, 10의 합은 $\frac{3}{36} = \frac{1}{12}$의 확률로 계산할 수 있다.

18세기에도 확률 이론은 여전히 혼란을 야기했다. 프리드리히 대왕(1712~1786)의 친구였던 프랑스 수학자 장 르 롱 달랑베르(Jean le Rond d'Alembert, 1717~1783)는 동전을 두 번 던져서 최소 한 번은 앞면이 나올 확률을 계산하는 데 어려움을 겪었다. 그는 이렇게 추론했다. 즉, 첫 번째 던질 때 앞면이 나오면 두 번째는 던질 필요가 없다. 그런데 첫 번째 던질 때 뒷면이 나오면, 두 번째는 앞면이나 뒷면이 나올 수 있다. 따라서 총 3가지 가능성이 있다. 첫 번째 던질 때 앞면, 첫 번째 던질 때 뒷면 그리고 두 번째 던질 때 앞면, 두 번 모두 뒷면이다. 이 3가지 경우 중 두 번은 앞면이 나오므로 확률은 $\frac{2}{3}$다. 달랑베르는 이 추론이 현실과 맞지 않는다는 것을 깨달았다. 동전을 몇 번만 던지면, 두 번 던져서 절반은 앞면이 나오는 경우가 적어도 한 번은 있다는 걸 확인한 것이다. 따라서 그는 이렇게 썼다. "그럼에도 나는 이 3가지 경우를 모두 동등하게 가능한 경우로 간주하고 싶지는 않다." 그러나 얼마 후 다시 마음을 바꾼 것이 분명하다. "생각하면 할수록 이 3가지 경우가 똑같이 가능한 것 같다."

달랑베르의 모순은 첫 번째 주사위 던지기에서 앞면이 나왔는지와는 관계가 없다. 이는 두 번 던지기를 모두 살펴보면 명확해진다. 여기엔 4가지 가능성이 있다. 앞면과 앞면, 앞면과 뒷면, 뒷면과 앞면, 뒷면과 뒷면. 각각의 가능성은 동일하며 앞면은 3가지 경우에 나타난다. 따라서 이에 대한 확률은 $\frac{3}{4}$이다.

생일의 역설

지난 세기들뿐만 아니라 오늘날에도 확률 이론의 결과는 우리를 놀라게 한다. 예를 들어, 30명의 학생으로 이뤄진 학급에서 2명이 같은 날에 생일을 맞이할 확률은 얼마나 될까? 많은 사람이 아마도 1년을 365일이라고 생각할 것이다. 윤년(閏年)에는 심지어 366일이라고 말이다. 그래서 대부분의 경우 학생 30명의 생일이 서로 다른 날일 거라고 생각한다. 하지만 이는 잘못된 결론이다. 70퍼센트의 확률 이상으로 적어도 2명의 학생이 같은 날 생일을 맞이한다.

확률을 계산하기 위해 이 수학 분야에서 자주 사용되는 묘수를 써보자. 두 학생의 생일이 같을 확률을 계산하는 대신, 모든 학생이 서로 다른 날에 생일을 맞이하는 여사건(반대의 경우—옮긴이)을 살펴보는 것이다. 학급에 학생이 2명뿐이라면 문제는 간단하다. 첫 번째 학생은 그 어떤 날에든 태어났을 수 있다. 두 번째 학생은 첫 번째 학생의 생일을 제외한 모든 날에 태어났을 수 있다. 따라서 1년 중 364일로, 확률은 $\frac{364}{365}$이다. 세 번째 학생이 추가되면 첫 번째와 두 번째 학생의 생일을 제외한 1년 중 모든 날, 즉 363일이 나온다. 그러므로 세 사람이 서로 다른 날에 축하받을 확률은 $\frac{364}{365} \times \frac{363}{365}$이다. 이 패턴은 30번째 학생에게도 계속된다. 따라서 모든 학생의 생일이 다를 확률은 $\frac{364}{365} \times \frac{363}{365} \times \frac{362}{365} \times \cdots \times \frac{336}{365} = 0.294\cdots$이다. 결국 두 학생이 같은 날 축하받을 확률은 1 0.294… = 0.706…이란 얘기나

50명의 경우는 최소 2명 이상이 같은 날 생일을 맞을 확률은 97퍼센트를 넘는다. 그리고 23명만 되어도 확률이 50.7퍼센트로 절반이 넘는다.

19세기

1801년	카를 프리드리히 가우스, 나중에 재발견되는 소행성 세레스의 궤도 계산
1813년	나폴레옹 군대, 라이프치히 전투에서 패배하고 프랑스로 퇴각
1814~1815년	빈 회의, 유럽의 국가 체제 새롭게 정리
1824년	카를 프리드리히 가우스와 야노시 보여이, 비유클리드 기하학 발견. 닐스 헨리크 아벨, 5차 방정식에 대한 해의 공식이 존재하지 않음을 증명
1830년	찰스 다윈, 연구를 위한 항해 시작
1832년	에바리스트 갈루아, 결투 중 20세의 나이로 사망
1835년	독일 최초의 철도, 뉘른베르크와 퓌르트 사이를 운행
1844년	실레지아에서 직조공들 봉기
1848년	카를 마르크스와 프리드리히 엥겔스, '공산당 선언' 발표. 3월 혁명과 프랑크푸르트 국민의회
1851년	파리 제1차 세계박람회
1859년	적십자 창립
1861~1865년	미국 남북전쟁
1862~1866년	니콜라우스 아우구스트 오토, 4기통 엔진 개발

1864년	제임스 클러크 맥스웰, 전자기파를 설명하는 방정식 제시
1870~1871년	프로이센-프랑스 전쟁
1871년	프로이센의 빌헬름 1세, 독일 제국의 황제로 즉위
1875년	독일사회주의노동자당 창당(1890년 독일사회민주당으로 개명)
1883~1889년	오토 폰 비스마르크, 세계에서 가장 진보적인 사회보장법 도입
1886년	카를 벤츠, 내연 기관 장착한 3륜 자동차 개발
1889년	에펠탑 건설
1890년	독일 수학회 설립
1895년	빌헬름 뢴트겐, 자신의 이름을 딴 X선 발견

산업화의 도래는 자연과학과 수학에 많은 과제를 안겨주었다. 기계를 제작하고, 교량과 철도를 건설하고, 석탄·철강·화학 원료를 생산하며, 통신·에너지·송전을 관리해야 했다. 하지만 처음에 발명과 개발로 산업을 발전시킨 것은 학계 과학자가 아니라 엔지니어, 발명가, 정밀 기계공, 성직자, 장인이었다. 최초의 공장이 생산에 들어가고 오랜 시간이 지난 후에야 자연과학이 생산 단계에 투입됐다.

산업계는 잘 훈련된 엔지니어를 필요로 했다. 아카데미와 대학은 엄격한 과학을 지향했기 때문에 필요한 교육을 제공할 수 없었다. 이러한 이유로 공업기술학교를 설립해 이론 교육과 실습을 혼합해 제공했다. 프랑스 혁명 직후 설립되어 19세기 중반까지 최고의 연구 및 교육 기관으로 자리 잡았던 파리의 에콜 폴리테크니크(École Polytechnique)는 오늘날 기술 대학의 전신이다.

자연과학은 다양한 응용 분야에서 그 유용성이 입증됐고, 점점 더 빠른 속도로 발전했다. 그 과정에서 이론도 소홀히 하지 않았다.

한 세기가 지나면서 수학은 훨씬 더 추상화됐다. 과학자들은 순수하게 수학 내적인 이유로 많은 아이디어를 발전시켰다. 예를 들어, 대수학에서는 더 이상 방정식만 연구하지 않고 구조를 연구했다. 이를 통해 여러 과제에 대해서는 해결책이 없다는 것을 증명해냈다. 예를 들어, 고대의 고전적인 문제(정육면체의 부피 2배로 늘리기, 원의 면적과 같은 정사각형 만들기, 각을 삼등분하기 등)와 방정식을 통한 풀이 가능성 등이 이에 해당한다.

수학자들은 미분법을 계속 발전시켜 기계공학, 역학, 천문학, 유체역학, 빛·전기·자기 연구 등 물리학 및 기술의 모든 분야에 적용했다. 또한 이를 논리적으로 안정적인 토대 위에 놓았다. 아울러 무한히 작은 크기에 대한 신비로움을 벗겨냈다. 그것을 유한한 수치로 다루는 문제로 환원해 명확한 정의를 내림으로써 말이다.

궤도 계산하기

천문학자들은 행성과 혜성의 궤도를 예측하기 위해 하늘을 관측하는데 의존했다. 그러나 이러한 관측이 완전히 정확하지는 않았다. 망원경의 결함, 조준 오류 또는 빛이 대기를 통과할 때 생기는 왜곡 등으로 인해 모든 측정에는 약간의 부정확성이 존재했다. 수많은 부정확한데이터에서 어떻게 가장 정확한 결과를 도출할 수 있었을까? 일찍이 케플러와 갈릴레이가 이 문제에 직면한 이후, 아드리앵마리 르장드르 (Adrien-Marie Legendre, 1752~1833)가 해결책을 찾았다. 그는 천체 관측을 측정점으로 해석하고, 점들이 곡선에 최대한 가까워지도록 궤도를 결정했다. 그리고 이를 위해 점과 곡선 사이의 거리의 제곱을 합산했다.

얼마 후, 카를 프리드리히 가우스(Karl Friedrich Gauß, 1777~1855)도 최소제곱법을 고안해 이제 막 발견된 소행성 세레스(Ceres)에 적용했다. 천문학자들은 세레스가 시야에서 사라지기 전까지 짧은 시간 동안만 관측할 수 있었다. 가우스가 망원경의 방향을 알려준 후에야 사라졌던 소행성을 다시 발견했다. 24세에 불과했던 이 독일인은 하룻밤 사이에 세계적으로 유명해졌다.

그의 궤적 계산 방법인 최소제곱법은 이제 컴퓨터에서 당시보다 훨씬 더 정확한 결과를 제공한다. 하지만 그 핵심은 변하지 않았다.

또한 가우스는 오차가 특정 패턴에 따라 분포한다는 사실을 증명했다. 오늘날 우리는 이를 '가우스의 종형 곡선' 혹은 '정규 분포'라고 부른다. 이는 특정한 날의 기온, 신생아의 키 또는 인구의 지능지수(IQ) 같은 무작위 변수가 따르는 확률을 나타낸다. 대다수 사람들의 IQ는 100 정도이지만, 그보다 높거나 낮은 이상값도 있다. 평균값에서 멀어질수록 이러한 이상값의 발생 빈도는 적어진다. 종형 곡선은 전체적으로 값이 어떻게 분포해 있는지를 보여준다. 중앙(IQ 100)에서 가장 높은 지점에 도달하고 바깥쪽으로 갈수록 평평해지는 곡선이다.

정규 분포는 언뜻 무작위성이 전혀 관여하지 않는 것처럼 보이는 경우에도 발견할 수 있다. 가령 향수병을 열면 분자들이 향기 구름을 형성하면서 실내로 흩어진다. 향은 향기 분자가 공기 중의 분자와 무작위로 충돌해 만들어지기 때문에 그 모양을 종형 곡선으로 설명할 수 있다.

괴팅겐 대학교의 '미망인 기금을 위한 전문가 보고서'에서 가우스는 정규 분포를 사용해 연금 보험료를 계산했다. 이를 통해 그는 생애 마지막 몇 년 동안 보험계리학의 기초를 마련할 수 있었다.

수학의 왕자

가우스는 생전에 '수학의 왕자'라고 불렸는데, 그의 재능은 어린 시절부터 이미 뚜렷하게 드러났다. 말을 하기 전에 산수를 배웠고, 세 살 때 아버지를 도와 급여 계산을 했다고 한다.

초등학교 시절 가우스는 100여 명에 달하는 다양한 연령대의 아이들과 함께 교실에 앉아 있었다. 어느 날 선생님은 아이들에게 1부터 100까지의 숫자를 더하는 과제를 내주며 아이들이 그걸 푸느라 한동안 바쁘게 지내길 바랐다. 그런데 몇 분 후 가우스가 올바른 해결책을 알아냈다. 고집스럽게 숫자를 더하는 대신 첫 번째와 마지막 숫자를 더하고(1+100), 두 번째와 끝에서 두 번째 숫자를 더하고(2+99), 세 번째와 끝에서 세 번째 숫자를 더하는(3+98) 식으로 영리한 전략을 생각해낸 것이다. 그 결과는 매번 101이었다. 이러한 숫자 쌍이 총 50개이므로, 가우스는 101에 50을 곱해서 5,050이라는 해를 구했다.

가우스는 19세 때 나침반과 직선 자만을 사용해 정십칠각형을 작도

했다. 세계 최초였다. 사람들은 깜짝 놀랐다. 고대 그리스인들부터 이 다각형을 만들려고 애썼지만 2000년 동안 아무도 성공하지 못했기 때문이다.

가우스는 순수 수학을 사랑해서 이렇게 고백한 적이 있다. "행성이라고 부르는 흙덩어리에 수학을 적용하든, 순전히 산술적인 문제에 수학을 적용하든 나는 후자에 더 큰 매력을 느낄 뿐이다." 하지만 그는 자신의 결과를 실천으로 옮기는 걸 주저하지 않았다. 그는 "자석이 철을 끌어당기듯 이론은 실천을 끌어당긴다"라고 말했다. 수학의 왕자는 전자기 전신(電信)을 발명하고, 천문학용 망원경을 개선했으며, 하노버 왕국을 매우 정밀하게 지도화했다. 그 측량 작업을 하던 중 공간이 휠 수도 있는지 궁금해했다. 알베르트 아인슈타인의 상대성 이론은 그의 이런 기하학적 고찰에서 비롯되었다.

가우스는 수줍음 많은 과학자이자 신앙심 깊은 보수적인 사람이었다. 그는 자신의 직장인 괴팅겐 대학에 대해 2가지를 높이 평가했다. 첫째는 방대한 양의 장서를 보유하고 있다는 것이다. "나는 이 도서관을 보고 괴팅겐에서의 내 행복한 생활에 적잖은 기여를 할 것으로 기대했다." 둘째는 그 지방의 사회적 의무를 거의 면제받았다는 것이다. 그래서 베를린, 빈, 라이프치히, 상트페테르부르크 등의 대학으로부터 받은 교수직 제안을 거절했다.

위대한 수학자답게 가우스는 아마도 약간 괴짜였을 것이다. 말년에 이르러서도 그는 숫자와 특별한 관계를 맺었다. 예를 들어, 걸음 수로 거리를 측정하고, 친구와 중요한 인물의 수명을 일 단위로 기록한 목록을 작성하기도 했다. 덧붙이자면, 그는 2만 5137일을 살았다.

가우스가 죽은 후, 사람들은 그의 뇌를 포르말린에 담아 모든 방법을 동원해 조사했다. 하지만 지금까지 아무도 1492그램의 회색 세포에 담긴 산술 능력의 원리를 밝혀내지 못했다.

가우스와 음악

카를 프리드리히 가우스는 박사 지도교수이자 음악 애호가였던 친구 요한 프리드리히 파프(Johann Friedrich Pfaff, 1765~1825)와 달리 음악에 대한 취향이 별로 없었다. 파프는 가우스가 음악회에 참석하도록 설득하기 위해 여러 번 노력했지만 헛수고였다. 그러다 결국 이 수학의 왕자가 설득을 당했고, 두 사람은 베토벤의 〈교향곡 9번〉을 듣기 위해 콘서트에 갔다.

교향곡의 웅장한 마지막 합창이 끝난 후, 파프가 어땠냐고 의견을 묻자 가우스는 이렇게 대답했다. "그게 무엇을 증명하는 것이지?"

완두콩 세는 사람

다시 확률 이론으로 돌아가 보자. 1812년 피에르시몽 라플라스는 이 분야에 대한 포괄적인 설명을 발표했다. 얼마 지나지 않아 이 프랑스 수학자는 확률 이론이 "수학을 통해 표현된 평범한 상식일 뿐이다. 우리가 일종의 본능으로 느끼지만 설명할 수 없는 것들을 정확하게 추정할 수 있게끔 해준다"라고 주장했다. 그는 계몽주의적 접근 방식에서 생각하는 개인의 이성적 행동을 출발점으로 삼았다. 불확실한 세상에서 합리적인 결정에 도달할 수 있는 방법을 찾고자 했던 것이다. 도박에 대한 연구는 목적을 위한 수단에 불과했다. 예를 들어, 라플라스는 배심원이 잘못된 평결에 도달할 확률을 계산하려 했는데, 이 과정에서 과녁을 멀리 벗어나고 말았다. 인간의 행동은 단순한 계산으로 환원하기에는 너무나 복잡하다.

라플라스의 접근법이 실패한 후, 확률 이론은 다른 추종자들에 의해 세기말까지 그림자처럼 존재했다. 그 후 확률 이론은 수학의 새로운 분야인 통계학으로 발전했다.

프랜시스 골턴(Francis Galton, 1822~1911)은 완두콩을 이용해 유전적 특성을 조사했다. 찰스 다윈(1809~1882)의 사촌 동생이기도 한 그는 완두콩을 심기 전 크기에 따라 일곱 그룹으로 분류했다. 그리고 식물이 자란 후, 열매의 지름을 측정했다. 각 그룹의 평균 크기는 더 이상 종자의 크기와 정확히 일치하지 않았다. 오히려 모든 완두콩의 평균값에 가까웠다. 이에 골턴은 회귀, 즉 퇴행을 언급했다. 그리고 두 데이터 세트 사이의 연관성(이 경우 씨앗의 크기와 수확량)을 정량적으로 표시하기 위해 상관 계수를 계산했다. 이 계수는 두 현상이 서로 얼마나 강하게 영향을 미치는지를 나타낸다. 계수가 1이면 두 현상은 서로 완전히 의존한다. 완두콩의 경우, 이는 열매의 크기가 씨앗의 크기에 의해서만 결정된다는 것을 의미했다. 상관 계수가 0이면 데이터 사이에 관계가 없다는 뜻이다. 그러면 2세대 완두콩의 크기는 씨앗에 의해 결정되지 않고,

오로지 영양분과 빛의 공급 같은 성장 조건에 의해서만 확정된다.

　20세기 초에 수학자들은 오늘날에도 여전히 사용되는 최초의 통계 테스트 절차를 개발했다. 비즈니스·기술·정치·인문학·자연과학의 데이터를 분석하기 위함이었다.

확률의 함정

확률 이론은 오늘날에도 위험을 현실적으로 평가하는 데 도움을 준다. 예를 들어, 40세 여성의 유방암 발병 확률이 1퍼센트라고 가정해보자. 유방 촬영술로 유방암을 발견할 확률은 80퍼센트다. 건강한 여성의 경우 검사 결과 10퍼센트 정도 위양성(僞陽性)이 나올 수 있다. 그렇다면 검사 결과 양성인 여성이 실제로 유방암에 걸릴 확률은 얼마나 될까?

　빈도수 트리(tree)라는 그래픽 표현이 상황을 이해하는 데 도움을 준다. 맨 위에는 '여성 환자 1000명'이 있고, 두 번째 단계 왼쪽에는 '유방암 환자 10명', 오른쪽에는 '건강한 여성 990명'이 있다. 세 번째 단계는 환자를 '암이 발견된 8명'과 '암이 발견되지 않은 2명'으로 나눈다. 건강한 여성 중 '99명은 양성으로 잘못 판정'되고 나머지 '891명은 음성'이다. 8에 99를 더하면 양성 판정을 받은 환자는 107명이지만 실제로는 8명만 암에 걸린 것이다. 따라서 유방 촬영술 결과 양성 종양이 실제로 발견될 확률은 $\frac{8}{107}$로 8퍼센트 미만이다.

　대부분의 사람, 심지어 숙련된 의사조차도 그 수치를 과대평가하며, 이는 심각한 결과를 초래할 수 있다. 양성 판정을 받은 여성은 쓸데없는 걱정을 하게 되고, 심지어 완전히 불필요한 치료를 받을 수도 있다.

윈스턴 처칠은 "자신이 직접 조작하지 않은 통계는 믿지 말라"고 말한 것으로 알려졌다. 하지만 그 인용문조차도 가짜다. 그럼에도 이 말에는 무언가 의미가 있다. 데이터가 정확하더라도 그 표현은 오해의 소지가 있을 수 있다는 것이다.

데이터를 조작하지 않았더라도 그래프가 모든 진실을 보여주지는 않는다. 경영경제학자 에런 레벤스타인(Aaron Levensstein, 1906~1986)은 "통계는 비키니와 같아서 많은 것을 드러내지만 본질은 숨겨져 있다"고 말했다.

오늘날 통계는 어디에나 존재한다. 통계를 올바르게 해석하는 것은 수학을 필요로 하는 예술이다.

기하학의 르네상스

고대에도 건축가들은 건물의 2차원 도면을 그리려고 노력했으며, 평면도와 입면도를 제작했다. 르네상스 시대에는 3차원 물체를 2차원 평면에 그리는 기술이 발전했다. 1800년경 가스파르 몽주(Gaspard Monge, 1746~1818)는 이러한 접근법을 과학적 토대 위에 올려놓았다. 그 몇 년 전에 이 프랑스 수학자는 그림에서 도형의 속성과 치수를 도출하는 방식으로 3차원 물체를 2차원 평면에 표현하는 구체적인 방법을 이미 발견한 터였다. 하지만 당시 몽주는 군사학교에서 일하고 있었기 때문에 자신의 아이디어를 비밀로 유지해야 했다. 프랑스 혁명이 일어난 후, 그는 열정적으로 대중 강연을 시작했다. 화법기하학〔畫法幾何學: 도학(圖學)이라고도 하며, 3차원 공간의 입체를 2차원 공간인 평면에 나타내는 방법─옮긴이〕은 폴리테크니크에서 가장 중요한 과목 중 하나로 자리 잡았다.

몽주는 자신의 기하학을 예술을 위한 예술로 보지 않았다. 따라서 건축, 광업, 기술, 군사, 회화의 예를 들어가며 기하학을 설명했다. 게다가 지형도를 공중에서 어떻게 분석할 수 있는지에 대해서도 연구했다. 이를 위해 18세기 말, 최초의 유인 풍선을 파리 상공에 띄웠다.

몽주가 기하학을 직접 적용하는 동안, 다른 수학자들은 기초를 탐구했다. 카를 프리드리히 가우스는 15세 때 이미 유클리드의 '평행선 공준'을 연구했다. 유클리드는 기하학을 엄격하게 논리적으로 창시했기 때문에, 그 자체로 완벽하게 논리적으로 구조화된 수학적 체계를 만들었다. 이를 위해 그는 더 이상 의문의 여지가 없는 5가지 기본 공준을 공식화했다. 그중 다섯 번째 공준은 다른 공준보다 훨씬 더 복잡했기 때문에 평범하지 않았다. 바로 다음과 같은 공준이다. 평면에서 어떤 직선이라도 그 위에 놓여 있지 않은 모든 점에 대해, 그 첫 번째 직선과 평행하고 그 점을 통과하는 두 번째 직선은 정확히 하나씩 존재한다.

이 공준은 즉시 이해할 수 있다. 그러나 많은 학자는 이것이 모든 기하학의 기초라는 사실을 받아들이길 거부했다. 그래서 다른 정의, 공리, 공준으로부터 다섯 번째 공준을 유도할 수 있다는 걸 증명하려고 했다. 1880년까지 학자들은 이 주제에 관한 논문을 1000편 넘게 발표했다. 하지만 고대 그리스부터 2000년에 걸친 그들의 모든 노력은 실패로 돌아갔다.

그럼에도 불구하고 수학자들은 평행선 공준과 동등한 많은 명제를 발견했다. 만약 그 명제들이 공준을 대체한다면, 동일한 기하학이 나타날 것이다. 3가지 예를 들면 다음과 같다.

- 피타고라스 정리.
- 삼각형 내각의 합은 180도다.
- 모든 원에서 둘레와 지름의 비율은 원의 크고 작음에 관계없이 같다.

가우스는 수학적 이유로 이른바 비유클리드 기하학, 즉 평행선 공준을 제외하고 유클리드의 모든 가정이 적용되는 기하학에는 아무런 문제가 없다는 결론에 도달했다. 이 수학의 왕자는 이러한 결과를 출판하는 대신 혼자 간직하고 편지로만 사적으로 공유했다. 분명히 출판물이 자신을 논란에 말려들게 할까 봐 두려워했던 것 같다. 그는 어쨌든 대부분의 과학자가 그것을 이해하지 못할 것이며, 자신이 한때 썼던 것처럼 출판하게 되면 불필요하게 "말벌들이 귀 주변을 윙윙거릴 것"이라고 믿었다.

사실, 가우스는 "드물지만 성숙하게(라틴어로는 Pauca sed matura)"라는 격언에 따라 자신의 저서를 출판했다. 그리고 실제로 비유클리드 기하학을 최초로 제안한 두 수학자(몽주와 가우스)는 맹렬한 비판을 받았다. 전문가들은 회의적인 태도로 일관했다. 마치 두 사람이 원의 면적과 동일한 정사각형 만들기 같은 불가능한 일을 성취했다고 주장하기라도 한 것처럼 말이다. 그리고 새로운 기하학이 기존의 접근 방식을 무가치하게 만드는 모순을 드러낼 것이라고 의심했다. 결국, 비유클리드 기하학이 존재함에도 불구하고 일상적인 경험은 유클리드 기하학만이 옳다고 가르쳤다.

가우스의 대학 시절 친구였던 헝가리 수학자 퍼르커시 보여이(Farkas Bolyai, 1775~1856)는 자신의 아들에게 "모두가 여전히 난파된 위험한 절벽" "불길한 전장" "연구 정신의 모든 노력을 무시하는 난공불락의 바위 성"에 대해 황급히 경고했지만 헛수고였다. 그의 아들 야노시 보여이(Janos Bolyai, 1802~1860)는 평행선 공리를 열심히 연구한 다음, 아버지가 쓴 교과서에 부록으로 이 공리에 대한 글을 썼다.

가우스는 젊은 야노시를 '최초의 천재'라고 불렀지만, 그의 연구를 공개적으로 칭찬한 적은 없다. 오스트리아-헝가리 군대에서 11년 동안 황실 장교로 복무한 야노시는 니콜라이 로바쳅스키(Nicolai Lobatschewski, 1792~1856)와 마찬가지로 자신의 이론을 인정받지 못했다. 러시아 카잔 대학교의 로바쳅스키는 시베리아 변두리에 위치한 이 대학에서 평행선 이론에 관한 논문을 여러 편(처음에는 러시아어로, 나중에는 프랑스어와 독일어로) 썼다.

야노시와 로바쳅스키는 이론의 일관성을 증명하지 못했다. 그러나 두 사람 모두 물리적 공간이 실제로 유클리드 기하학을 따르는지에 대해서는 의구심을 표했다. 이것을 확인하기 위해서는 삼각형의 각도만 측정하면 된다. 유클리드 기하학에서는 이 각들이 180도로 합쳐지지만, 공간이 휘어진 비유클리드 기하학에서는 이 법칙이 성립하지 않는다. 그러나 이 프로젝트는 실용적인 이유로 실패했다. 로바쳅스키는 다음과 같이 아쉬워했다. "우리가 측정할 수 있는 변이 있는 삼각형에서는 내각의 합이 180도에서 $\frac{1}{100}$ 각초 미만으로 벗어난다. 1각초는 $\frac{1}{3600}$ 도다. 따라서 천문 관측을 기준으로 삼아야 한다."

가우스가 사망한 후 비유클리드 기하학에 대해 호의적으로 언급한 그의 편지가 세상에 나오고서야 다른 과학자들도 이 주제를 다루기 시작했다. 야노시와 로바쳅스키는 생전에 이것을 보지 못했다. 야노시는 아버지의 책 부록에 글을 쓴 후로는 아무것도 출판하지 않았지만 2만 쪽에 달하는 수학 관련 원고를 남겼다.

독일의 펠릭스 클라인(Felix Klein, 1849~1925)과 이탈리아의 에우제니오 벨트라미(Eugenio Beltrami, 1835~1900)는 '세계'가 원 안의 점들로 구성된 기하학 모델을 제안했다. 직선은 원 안의 현(원 위의 서로 다른 두 점을 연결한 선분—옮긴이)이다. 직선 위에 점이 주어지면 이 점을 통해 여러 개, 더 정확하게는 무수히 많은 평행 직선을 찾을 수 있다(169쪽 그림 참조). 3차원 모델의 경우, 원은 구로 대체된다.

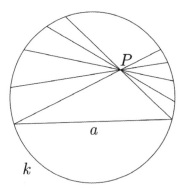

그러나 수학자들의 진영은 여전히 분열돼 있었다. 그 어떤 주제도 이렇게 많은 논쟁을 불러일으킨 적이 없었다. 라이프치히 대학의 천체물리학 교수 요한 카를 프리드리히 췰너(Johann Karl Friedrich Zöllner, 1834~1882)는 3차원 공간의 가능한 곡률로부터 그 주변에 4차원 공간이 존재하며, 그 공간에는 지능적이고 눈에 보이지 않는 4차원 존재가 살 수 있다고 추론했다. 이

직선은 원의 현이다. 여러 직선이 점 P를 통과하고 직선 a와 평행하다. (여기서 '평행하다'는 것은 만나지 않는다는 뜻이다. 즉, 직선 a와 끝점에서 만나고 점 P를 지나는 두 직선을 제외하고, 무수히 많은 직선이 직선 a와 만나지 않으면서 점 P를 지난다―옮긴이.)

러한 존재와 접촉하려는 그의 시도는 큰 파장을 불러일으켰다.

클라인은 유클리드 기하학 외에 다른 2가지 유형의 기하학을 언급했다. 이른바 쌍곡선 기하학에서는 직선의 한 점과 그 직선이 아닌 점 사이에 무한한 수의 평행선이 존재한다. 반면, 타원 기하학에서는 어떤 직선도 평행선을 갖지 않는다. 타원 기하학의 모델은 구의 표면이다. 직선은 구의 최대 지름을 가진 원이다. 이러한 두 원은 항상 교차하므로 평행한 직선이 없다.

평행선 공리에 대한 2000년의 논의 끝에 유클리드 기하학은 그 자리에서 밀려났다. 이제 유클리드 기하학은 공간에 관한 여러 가지 가능한 이론 중 하나로만 여겨지고 있다.

클라인과 벨트라미의 아이디어에는 직선의 길이가 유한하고 마음대로 늘릴 수 없다는 한 가지 단점이 있었다. 하지만 수학자들은 무한

펠릭스 클라인이 발명한 '클라인병'은 안과 밖이 분리되어 있지 않다. 개미는 가장자리를 기어오르지 않고도 어디든 갈 수 있다.

히 긴 직선을 가진 비유클리드 기하학도 발견했다. 쌍곡선 기하학 모델의 무한 공간을 지도에 매핑하면 에칭(etching) 기법을 활용한 M. C. 에스허르(Escher)의 〈천사와 악마〉 같은 그림을 얻을 수 있다. 쌍곡선 기하학에서 천사와 악마는 모두 같은 크기다. 원의 가장자리에서 점점 작아지는 것은 무한한 공간을 유한한 지도에 매핑할 때 발생하는 왜곡일 뿐이다.

20세기 초, 로바쳅스키의 대담한 가정이 확인됐다. 천문학적 규모에서는 유클리드 기하학이 전혀 적용되지 않는다는 것이다. 알베르트 아인슈타인은 상대성 이론에서 쌍곡선 기하학을 4차원 시공간에 적합한 모델로 인정했다.

방정식을 둘러싼 비극

르네상스 시대에 수학자들은 이미 4차 방정식, 즉 미지수 x가 최대 4거듭제곱인 방정식까지 풀 수 있었다. 그들은 방정식의 차수는 해의 수와 일치한다는 것을 알아챘다. 1차 방정식은 1개, 2차 방정식은 2개, 3차 방정식은 3개, 4차 방정식은 4개의 해가 있다. 그러나 이 규칙을 적용하려면 이른바 실수, 즉 소수(小數)로 쓸 수 있는 모든 숫자만으로는 충분하지 않다. 예를 들어, 이차방정식 $x^2 = -1$은 어떤 실수로도 충족되지 않는다. 모든 실수의 제곱은 "마이너스 곱하기 마이너스는 플러스다"라는 규칙에 따라 항상 양수이기 때문이다.

계몽주의 시대 초기에 제곱이 음수일 수 있는 새로운 수를 도입하자는 아이디어가 등장했다. 이러한 복소수를 해로 허용한다면, 모든 방정식은 차수만큼의 해를 실제로 갖게 되며, 이는 계속해서 인수분해를 해보면 알 수 있다. 적어도 전문가들은 그렇게 가정했고, 필사적으로 증명을 찾았다. 그리고 카를 프리드리히 가우스가 박사 학위 논문에서 이를 증명했다. 오늘날 대수학의 기본 정리로 알려진 방정식의 해에 대한 정리가 너무나 아름다웠기 때문에 가우스는 나중에 3가지 증명을 더 제시했다.

하지만 해법이 존재한다는 걸 증명하는 것과 해법을 찾는 것은 별개의 문제다. 5차 이상의 방정식은 아무리 똑똑한 사람이라도 풀기 어려웠다. 2·3·4차 방정식과는 달리 아무도 해의 공식을 제시하지 못했다.

1824년 당시 완전히 무명이던 젊은 수학자 닐스 헨리크 아벨(Niels Henrik Abel, 1802~1829)이 5차 방정식은 일반적으로 대수적 방법, 즉 사칙연산과 근을 취하는 것(루트를 씌우는 것, 즉 제곱근을 구하는 것—옮긴이)으로는 풀 수 없다는 걸 증명했다. $x^5 = 1$ 같은 특정 방정식은 이러한 방식으로 풀 수 있지만, $ax^5 + bx^4 + cx^3 + dx^2 + ex + f = 0(a, b, c, d, e, f$는 상수) 같은 형식의 방정식은 풀 수 없다. (5차 방정식 이상은 대수적인 해법으로 해를 구할 수 없다는 뜻이다—옮긴이.)

아벨은 노르웨이의 가난한 환경에서 자랐는데, 한 선생님이 어린 닐스를 개인적으로 가르쳐주기도 했다. 획기적인 논문을 쓴 이 스칸디나비아의 천재는 큰 희망을 품고 가우스에게 그걸 보냈다. 하지만 가우스는 분명히 그 논문을 읽을 엄두도 내지 못했을 것이다. 당시 5차 방정식 문제는 매우 인기가 있었다. 전문 수학자 외에 아마추어들도 이를 연구하기 위해 매달리곤 했는데, 그들은 대부분 자신을 지나치게 과대평가했다. 가우스는 아마도 이 무명의 노르웨이인이 시간을 낭비하는 또 다른 괴짜라고 생각했을 것이다.

그럼에도 아벨은 노르웨이 정부로부터 유럽 여행에 필요한 장학금을 받았고, 베를린에서 저명한 학술지의 편집자를 만나 자신의 연구를 발표할 수 있었다. 하지만 다른 전문가들과 달리 운이 좋지 않아 그냥 집으로 돌아가야 했다. 이렇게 천재적인 업적에 걸맞은 보상을 받지 못한 채 그는 27세의 나이에 결핵으로 사망했다.

아벨은 5차 이상의 방정식은 모두 풀 수 없다는 사실을 증명했다. 수학의 역사에서 또 다른 비극적인 인물은 어떤 방정식을 어떤 방법으로 풀지 알아낼 운명을 안고 있었다.

에바리스트 갈루아(Evariste Galois, 1811~1832)는 의심할 여지 없이 매우 영리했지만 변덕스럽고 참을성이 없었으며 당국의 시책에 끊임없이 반대했다. 완전히 준비되지 않은 상태에서 파리의 에콜 폴리테크니크 입학시험을 치른 결과 곧바로 낙방했다. 그는 존경받는 수학자 오귀스탱 루이 코시(Augustin-Louis Cauchy, 1789~1857)에게 자신의 논문 중 하나를 맡겨 과학 아카데미에 제출하기로 했다. 그러나 일찍이 아벨이 "미친 데다 아무것도 할 수 없다"고 판단해 무시했던 코시는 갈루아의 원고를 분실했다.

갈루아는 에콜 폴리테크니크 입학시험에 두 번째로 응시했다. 그런데 시험관 중 한 사람의 사소한 행동에 짜증이 나서 그의 얼굴에 칠판지우개를 던지고 말았다. 훗날 한 수학자는 이 사건을 두고 "지능이 가장 높은 지원자가 지능이 낮은 시험관 때문에 탈락했다"고 평가했다. 그 후 갈루아는 19세 때 세 편의 논문을 작성해 과학 아카데미 경연 대회에 제출했다. 당시 과학 아카데미 서기관이던 조제프 푸리에(Joseph Fourier, 1768~1830)는 이 논문들을 읽기도 전에 사망했고, 그가 죽은 후 논문들은 행방이 묘연해졌다.

이 모든 것이 갈루아로 하여금 그 어떤 권위든 거부하도록 부추겼다. 그는 정치에 뛰어들어 열렬한 공화주의자가 되었다. 하지만 당시 프랑스에서 공화주의자는 위험을 감수해야 했다.

1831년 왕당파에 의해 두 차례 체포되었고, 법원은 해체된 포병 대대의 군복을 입었다는 혐의로 6개월의 징역형을 선고했다. 이듬해에는 질투심에서 비롯된 것으로 추정되는 결투에 나섰는데, 이때 정치적 친구인 공화당원들에게 보낸 편지에서 "나는 사악한 코코트(Kokotte)의 희생양이 돼 죽는다"라고 썼다. 코코트는 당시의 우아한 매춘부였다. 결투 전날 밤, 그는 서둘러 가장 중요한 저서를 집필했다. 그러면서 여백에 몇 번이고 이런 낙서를 반복했다. "시간이 없다. 시간이 없다." 결국 자세한 증명은 누락한 채 그는 자기 이론의 핵심적인 단계를 공식화하는 데에만 집중했다.

다음 날 아침, 결투에 나선 갈루아는 스물한 번째 생일을 5개월 앞두고 총에 맞아 24시간 후 병원에서 숨을 거두었다.

갈루아가 사망하고 15년 후, 프랑스의 수학자 조제프 리우빌(Joseph Liouville, 1809~1882)은 60쪽 분량에 달하는 그의 수학 논문 대부분을 출판했다. 서문에서 리우빌은 원래 아무도 그 논문에 관심이 없었다고 불평했지만, 갈루아에게도 그에 대한 책임이 일부는 있다고 썼다. "독자를 잘 닦인 길에서 벗어나 더 거친 지형으로 인도하려고 할 때 명확성은 더욱더 중요하다."

갈루아는 각 방정식에 이른바 군(群: '갈루아군'이라고 한다―옮긴이)을 지정한 다음, 이 그룹의 성질로부터 방정식의 풀이 가능성을 추론했다. 그는 앞선 수학자들보다 더 추상적으로 문제에 접근했다. 그렇게 함으로써 많은 사람이 따를 만한 추세를 설정했다. 갈루아 이론의 도움으로 수학자들은 고대 그리스의 고전적인 문제인 정육면체의 부피 2배로 늘리기, 원의 면적과 같은 정사각형 만들기, 각을 삼등분하기는 방정식으로 풀 수 없다는 걸 증명할 수 있었다.

'군'의 개념은 19세기의 대수학에서 등장했다. 숫자를 이용한 구체적인 계산에서 벗어난 것이다. 대신 수학자들은 구조를 연구하기 시작했다. 1830년 잉글랜드의 수학자 조지 피콕(George Peacock, 1791~1858)은 "기호와 상징의 조합을 특정 기호의 값에 관계없이 독립적인 법칙을 정하는 데에만 초점을 맞춰야 한다"라고 공식화했다. 대수학이 순수 방정식 이론에서 일반 관계의 탐구로 변화한 것은 거의 모든 수학 분야가 추상적인 방향으로 나아가는 출발점이 됐다.

'군'은 일련의 객체와 그중 2개의 객체를 결합해 세 번째 객체를 결정하는 규칙을 갖고 있다. 이를 이항연산(二項演算)이라고도 하는데, 이 규칙은 다양한 조건을 충족해야 한다. 예를 들어, '군'에는 항상 이른바 항등원이라는 게 있다. 이것이 '군'의 다른 객체와 결합하면 항상 그 다른 객체 자체가 생성된다. 또한 각 객체에는 이른바 '역원(逆元)'이라 불리는 짝이 있어 이항연산을 하면 항등원이 된다.

덧셈을 규칙으로 하는 정수는 '군'을 형성한다. 그러면 항등원은 0이고, 숫자의 역원은 반대 부호를 가진 동일한 숫자다. 예를 들어, 4의 역원은 −4이고, −2의 역원은 2다. 또 다른 예는 2개의 숫자 0과 1로 *를 조합한 0*0＝0, 0*1＝1*0＝1, 1*1＝0을 들 수 있다. 여기서 항등원은 0이다. (*와 0과 1만 있는 '군'에서 1의 역원은 1이다−옮긴이.) 갈루아는 방정식의 대칭군(對稱群)을 고려했고, 여기에는 근을 교환할 수 있는 다양한 가능성이 포함되었다.

혼란스러운 무한대

19세기 수학 연구의 또 다른 선구자 역시 비운의 인물이었으니, 바로 집합론을 창시한 독일의 게오르크 칸토어(Georg Cantor, 1845~1918)다.

무한은 고대부터 수학자들을 매료시켰다. 고대 그리스인은 무한에 대해 명백한 경외감을 지녀서 이 용어를 피했다. 예를 들어, 소수가 무한히 많다는 것에 대한 유클리드의 원래 증명에는 무한대라는 표현이 등장하지 않는다. 단지 미리 정해진 수보다 소수가 더 많다고만 나와 있을 뿐이다.

수학자들은 무한히 작은 수를 다룰 때에도 무한이라는 용어를 피하고 유한수를 사용함으로써 이해에 도달했다. 그들은 아무리 작은 숫자라도 그에 상응하는 속성이 성립하는 숫자가 존재한다고 주장했다.

칸토어는 이 주제에 대해 좀더 공격적인 접근 방식을 취하며, 자신의 학문에서 기본적인 개념 중 하나인 집합을 연구했다. 수학에서 집합은 객체의 모음이다. 이것은 숫자 1·2·3일 수도 있고, 책의 페이지일 수도 있고, 독일 분데스리가의 축구팀일 수도 있다. 유한한 원소들로 이뤄진 집합 외에(전문가들은 "유한한 수의 원소를 가지고 있다"고 말한다), 칸토어는 무한히 많은 원소를 가진 집합에 대해서도 연구했다. 예를 들면 정수의 집합이나 실수의 집합이다. 실수의 집합은 모두 소수로 이뤄져 있는데, 소수점 뒤에 무한하고 비주기적인 자릿수를 가진 수들(무리수-옮긴이)도 포함한다.

갈릴레이는 이러한 양을 비교할 때 일찍이 역설을 발견한 바 있다. 그는 최대 3개까지만 숫자를 알았던 원시인과 같은 방식으로 가축의 양을 세었다. 원시 사회의 목동은 가축의 수를 비교하기 위해 한 무리의 동물 한 마리와 다른 무리의 동물 한 마리를 한 쌍으로 계산했다. 그리고 마지막에 남은 가축이 있는 무리가 더 컸다. 갈릴레이는 이 계산 방법(수학자들은 '일대일 대응'이라고 말한다)을 1, 2, 3, 4, 5, …와 같은 이른바 자연수 집합과 1, 4, 9, 16, 25, …와 같은 제곱수 집합에 적용했다. 놀랍게도 효과가 있었다. 각 자연수에 제곱수를 할당하자 끝에 있는 집합에는 아무것도 남지 않았다. 따라서 자연수와 제곱수는 크기가 같아야 했다.

1	2	3	4	5	6	7	8	9	10···
1	4	9	16	25	36	49	64	81	100···

반면, 하나는 다른 하나의 일부였다. 어쨌든 제곱수는 분명히 자연수에 속했다.

갈릴레이는 이 수수께끼를 풀지 못했고, 이는 나중에 다비트 힐베르트(David Hilbert, 1862~1943)의 이름을 딴 '힐베르트 호텔'로 알려지게 됐다. 이 가상의 호텔에는 무한한 수의 객실이 있다. 호텔이 꽉 차더라도 문제가 되지는 않는다. 다른 손님이 도착하면, 숙박객은 복도를 따라 방 하나를 더 이동하기만 하면 그만이다. 1번 방의 거주자는 2번 방으로, 2번 방의 거주자는 3번 방으로, 3번 방의 거주자는 4번 방으로 이동하는 식이다. 그러면 새로 도착한 사람이 1번 방으로 들어갈 수 있다.

새로운 손님이 무한정 들어와도 리셉션에 문제가 생기지 않는다. 그럴 경우 1번 방의 손님은 2번 방으로, 2번 방의 손님은 4번 방으로, 3번 방의 손님은 6번 방으로 이동하면 된다. 이렇게 각 손님이 자기 방 번호에 2를 곱한 번호의 방으로 이동하면, 갑자기 무한대의 방, 즉 홀수 번호의 모든 방이 비워진다.

칸토어는 무한히 큰 집합의 바로 그 이상한 속성을 정의에 끌어들임으로써 염소를 정원사로 만들었다. (자연스럽지 않다는 것을 비유적으로 표현한 것이다. 독일 속담에 "신중한 사람은 염소를 자신의 정원지기로 삼지 않는다"라는 게 있다─옮긴이.) 그에 따르면 한 집합과 그 집합의 부분 집합 사이에 고유한 할당(일대일 대응─옮긴이)이 있으면 그 집합은 무한하다. 따라서 양의 정수의 집합은 무한하다. 왜냐하면 모든 숫자에 제곱을 할당하는 것이 일대일 대응이기 때문이다.

그것만으로는 충분하지 않다는 듯 칸토어는 다양한 크기의 무한대가 있는지 궁금했다. 이를 위해 먼저 모든 분수의 집합을 살펴보았다. 그리고 분수를 순서대로 영리하게 배열해 자연수를 고유하게 할당하는 방법을 발견했다. 이에 따라 수학자들이 말하듯 이 집합은 똑같이 무한했다. 칸토어는 실수로 눈을 돌려, 실수 집합이 정수 집합보다 더 크다는 정교한 증명을 찾아냈다. 그는 가능한 모든 실수를 하나씩 나열하는 상상을 했다. 이 목록의 시작은 다음과 같다.

0.29847565…

0.78438347…

0.32594854…

0.57826498…

0.23489675…

…

그런 다음 첫 번째 숫자의 소수점 첫째 자리, 두 번째 숫자의 소수점 둘째 자리, 세 번째 숫자의 소수점 셋째 자리 등을 변경했다. 이런 식으로 만든 숫자는 목록에 포함될 수 없다. 왜냐하면 이 숫자는 각 x번째 숫자와 x번째 소수점 자리에서 차이가 나기 때문이다. (가정된 모든 실수를 나열하더라도, 각 소수점 자릿수에서 새로운 실수를 구성할 수 있다. x번째 실수의 x번째 소수점 자리 숫자를 바꿔 새로운 숫자를 만들면, 이 새로운 숫자는 나열된 실수 중 어느 것과도 일치하지 않는다. 즉, 모순이 발생한다―옮긴이.) 이러한 논증은 가능한 모든 실수 목록에 적용되고 완전한 목록이 있을 수 없으므로 고유한 할당이 불가능하다. (일대일 대응이 되기 위해서는 자연수나 정수처럼 셀 수 있는 '가산 무한'이어야 한다. 실수의 무한대는 비가산 무한이다―옮긴이.) 따라서 실수의 무한대는 정수의 무한대보다 커야 한다.

칸토어는 한 걸음 더 나아갔다. 그는 더욱더 어마어마한 무한대를 만들었는데, 멱집합이라고 하는 집합의 하위 집합을 사용해 이것을 수행했다.

숫자 1, 2, 3의 유한 집합 {1, 2, 3}은 {}(공집합), {1}, {2}, {3}, {1, 2}, {1, 3}, {2, 3} 및 {1, 2, 3}의 8개 부분 집합을 가진다. 무한 집합의 부분 집합도 비슷한 방식으로 설정할 수 있다. 그런 다음 칸토어는 한 집합의 멱집합, 즉 모든 부분 집합의 집합이 원래 집합보다 더 많은 원소의 수를 갖는다는 것을 증명했다. (앞의 경우, 멱집합은 {{}, {1}, {2}, {3}, {1, 2}, {1, 3}, {2, 3}, {1, 2, 3}}이다―옮긴이.) 한 멱집합의 멱집합에 따라 무한대에 대한 전체적인 서열을 구성할 수 있다. 그리고 가장 큰 집합은 있을 수 없다. 왜냐하면 그 멱집합은 필연적으로 훨씬 더 큰 무한대일 것이기 때문이다.

칸토어는 이런 미묘한 정의의 함정을 잘 알고 있었다. 예를 들어, 모든 집합의 집합은 자신의 멱집합을 포함하므로 그 자체보다 더 어마어마하다. 그는 이런 말도 안 되는 결과를 초래하는 집합이 존재하지 않는다고 선언함으로써 문제를 해결했다.

모순은 무한 집합에서만 발생하는 것이 아니라 집합의 정의에 집합

자체에 대한 언급을 포함할 때마다 발생한다. 전형적인 예로 스스로 면도하지 않는, 모든 사람을 면도하는 마을 이발사를 들 수 있다. 이 문장에는 논리적 모순이 있다. 이발사가 자신의 수염을 다듬는 사람 중 하나일 경우, 이 문장에 따르면 그는 스스로 면도를 하지 않아야 한다. 반면, 그가 자신의 턱수염을 직접 다듬지 않을 경우, 그는 자신이 면도하는 마을 주민 중 한 명이어야 한다. 모순적인 집합은 유사한 패턴에 따라 정의할 수 있다. 20세기 초에야 집합론은 이러한 역설을 배제하는 안정적인 공리 체계를 토대로 삼게 됐다.

칸토어 생전에도 무한을 거부한 수학자들은 존재했을 것이다. 불행히도 그의 가장 큰 적수는 독일의 수학자 레오폴트 크로네커(Leopold Kronecker, 1823~1891)라는 광신적이면서도 영향력 있는 사람이었다. 크로네커의 모토는 다음과 같았다. "신은 정수를 만들었고, 그 밖의 모든 것은 인간의 작품이다." 그는 칸토어의 무한대를 혐오해서 "말도 안 되는 것"이자 "수학적 광기"의 산물이라고 불렀다. 그러나 공개적인 대결에는 관심이 없었고, 대신 칸토어를 부지런히 괴롭혔다.

반면, 당대 최고의 독일 수학자 다비트 힐베르트는 무한대를 "수학적 사고의 가장 훌륭한 결실이자 인간 지성의 가장

물리학계의 전설 알베르트 아인슈타인은 무한에 대해 "세상에는 2가지의 무한, 즉 우주와 인간의 어리석음이 있다. 나는 우주에 대해서는 아직 잘 모르겠다"고 말했다.

위대한 창조물 중 하나"라고 말했다. "아무도 우리를 칸토어가 만들어 놓은 낙원에서 몰아내지 못할 것"이라고 언급하기도 했다.

칸토어는 할레(Halle)의 지역 대학교에서 학생들을 가르쳤다. 베를린 대학의 초청을 받기도 했으나 당시 그곳 교수로 있던 크로네커가 반대했다. 칸토어는 그의 거절을 마음에 새겼다. 1884년 신경 쇠약에 걸린 그는 회복 후 크로네커와 화해하려고 노력했다. 그러나 평화는 오래가지 못했고, 병들고 신앙심 깊은 칸토어는 앞으로 무한대에 대한 자신의 철학적·신학적 측면만을 조명하기로 마음먹었다.

크로네커가 사망한 후에도 칸토어는 정신적으로 불안정한 상태를 유지했다. 특히 아들이 열두 살 어린 나이에 사망한 뒤에는 더욱 심해졌다. 몇 차례 더 신경 쇠약을 겪은 그는 말년을 대부분 병원과 요양원에서 보냈다.

20세기

1900년	세계수학자학회에서 다비트 힐베르트가 동료들과 함께 새로운 세기에 우선순위를 두어야 할 23가지 문제 발표. 막스 플랑크, 양자물리학 정립
1903년	라이트 형제, 최초로 연속 제어되는 동력 비행 성공
1905년	아인슈타인, 특수 상대성 이론 발표
1908년	라위천 브라우어르, 제3의 가능성을 배제하는 원리 거부
1914~1918년	제1차 세계대전
1915년	아인슈타인, 일반 상대성 이론 발표
1917년	러시아 혁명
1919년	베르사유 조약 체결. 국제수학연맹 설립
1920년	인도의 간디, 영국 식민지 세력에 대한 비폭력 저항 촉구
1928년	쿠르트 괴델, 모순 없는 모든 논리 체계는 불완전하다는 것 증명
1933년	히틀러, 권력 장악
1933~1945년	독일 대학에서 모든 유대계 학자 해고. 많은 유대계 학자들의 미국 이주
1936년	필즈상('수학자를 위한 노벨상') 최초로 수여
1938년	베를린에서 최초의 핵분열 발견

1939~1945년	제2차 세계대전
1942년	수학자 앨런 튜링이 이끄는 영국 팀, 독일 해군의 무선 통신 해독
1945년	미 공군, 원자폭탄으로 일본 히로시마·나가사키 파괴. 유엔 창설
1949년	중국 혁명
1952년	독일 최초의 텔레비전 방송
1956년	헝가리 봉기
1957년	러시아 인공위성 스푸트니크 지구 궤도 진입. 유럽경제공동체 창설
1961년	베를린 장벽 건설로 독일 분단 현실화. 최초의 우주인 탄생(러시아 우주비행사 유리 가가린)
1963년	폴 코언, 연속체 가설 확립. 에드워드 로렌츠, 나비 효과 발견
1965~1975년	베트남 전쟁
1968년	소련군, '프라하의 봄' 무력 진압
1969년	미국 우주비행사, 인류 최초로 달 탐사 성공
1975년	브누아 망델브로, '프랙털 기하학'이라는 용어 최초 사용
1977년	볼프강 하켄과 케네스 아펠, 컴퓨터의 도움으로 4색 정리 증명
1980년	사무실과 개인 가정에 컴퓨터 본격 보급
1986년	체르노빌 원전 사고 발생. 우주 왕복선 챌린저호 폭발
1989년	베를린 장벽 붕괴
1990년	〈매서매티컬 인텔리전서〉에서 가장 아름다운 수학 정리 10가지 게재. 소비에트연방 붕괴
1991년	독일 통일
1992년	유고슬라비아 전쟁
1994년	앤드루 와일스, 페르마의 추측 증명
1998년	토머스 헤일스, 케플러의 추측 확인

지난 한 세기 동안 수학은 말 그대로 폭발적으로 성장했다. 모든 분야에서 급속한 발전이 이뤄졌고, 수학은 고도의 전문성을 띠며 진화했다.

세기말까지 전 세계적으로 2000개 이상의 수학 저널이 출판됐다. 더 이상 한 명의 과학자가 모든 것을 추적할 수는 없었다.

예외적인 경우에만 이 시대의 새로운 발견을 일반인에게 설명하는 것이 여전히 가능하다. 일반적으로 수학적 작업을 단독으로 이해하려면, 기본 이론을 공부하는 데에만 몇 년이 걸린다.

점점 더 많은 연구 분야가 내부적으로 수학적 동기에 기반을 두고 있다. 동시에 컴퓨터 및 기타 전자 장치 같은 수학적 기계의 발명으로 인해 다른 과학과 기술 분야의 응용에서도 수학이 그 어느 때보다 큰 비중을 차지하기에 이르렀다.

20세기는 수학자들이 직면해야 했던 23개의 문제 목록과 함께 시작됐다. 오늘날까지 그 문제가 모두 해결된 것은 아니다. 그러나 이 목록이 연구의 방향을 결정했다.

정치와 마찬가지로 수학도 20세기 전반에 연이은 위기로 요동쳤다. 첫 번째 위기는 어떤 종류의 증거를 허용할지에 대한 근본적인 논쟁과 관련이 있었다. 수학적 대상을 구성할 수 있을까, 아니면 명시적으로 제시할 수 없어도 그 존재를 증명하는 것으로 충분할까? 철학적으로는 여전히 논쟁의 여지가 있지만, 실제로는 한쪽이 분명 우세한 상황이다.

수학적 대상에 대한 논쟁이 등장하자 '학문의 여왕'이라 불리던 수학의 논리적 토대가 발아래서 무너져 내린 것 같았다. 당시 증명된 불완전성 정리는 여전히 유효했지만, 수학자들은 원래 생각했던 것보다 덜 견고한 토대 위에서 작업하는 데 익숙해졌다.

두 번째 위기는 수학적 내용과 관련이 없었다. 권력을 잡은 국가사회주의자들이 유대인 수학자들을 박해하고 추방했다. 그중 많은 사람이 미국으로 이주함으로써 세기 중반에 유럽의 주도적 역할을 신대륙에 내주었다.

세기말에는 컴퓨터가 세상을 바꿨다. 한편으로, 컴퓨터의 도움으로만 가능한 수학적 정리의 증명들이 등장했다. 순수주의자들에게 이것은 커다란 사건이었다. 다른 한편으로, 순수주의자들도 종이와 연필을 이용한 전통적인 방식으로 증명을 시도하기 전에 화면 앞에 앉아 컴퓨터의 예제를 바탕으로 추측을 시험해보았다.

다비트 힐베르트, 쿠르트 괴델(Kurt Gödel, 1906~1978), 팔 에르되시(Pál Erdös, 1913~1996) 같은 수학계의 거장들과 함께 수천 명의 수학자들이 20세기에 그들의 학문적 건축물을 확장시켰다. 그들은 공들여 개념을 고안하고 정리를 증명하며 새로운 이론을 창조했다. 신선한 아이디어의 풍요로움은 오랜 기간 풀리지 않았던 추측을 증명할 때마다 드러났다. 예를 들어, 20세기 말에는 가장 영리한 사람들이 수 세기 동안 풀려고 노력했던 2가지 수학적 난제가 풀렸다. 바로 페르마의 마지막 정리와 케플러의 추측이다.

세기의 23가시 문제

1900년 파리에서 열린 국제 콘퍼런스에서 다비트 힐베르트는 "수학의 문제는 헤아릴 수 없을 정도로 많으며, 하나의 문제가 해결되자마자 그 자리에 수많은 새로운 문제가 생겨난다"라고 말했다. 괴팅겐 대학교에 재직 중이던 이 교수는 수학의 방향을 알려주기 위해 강연에서 동료들이 앞으로 해결해야 할 23가지 문제를 제시하며 다음과 같은 말로 연설을 마무리했다. "수학은 모든 정확한 과학 지식의 기초입니다. 이 고귀한 운명을 온전히 완수하기 위해 새로운 세기에 독창적인 대가들과 고귀한 열정으로 빛나는 수많은 제자가 생겨나기를 바랍니다."

힐베르트는 프랑스인 앙리 푸앵카레(Henri Poincaré, 1854~1912)와 함께 당시 세계에서 가장 유명한 수학자였다. 그의 연설은 이후 수십 년 동안의 수학 연구에 영향을 미쳤다. 그의 문제 중 하나를 풀면 누구나 명성을 얻을 수 있었다. 당연히 가장 유능한 인재들이 문제 해결을 위해 달려들었다.

첫 번째 문제인 '연속체 가설'은 칸토어의 무한대 개념을 중심으로 전개되었다. 칸토어는 실수가 자연수보다 더 큰 무한대라는 것을 증명했는데, 힐베르트는 이 두 무한대 사이에 또 다른 무한성의 단계가 존재할 수 있는지 질문했다. 1963년에야 폴 코언(Paul Cohen, 1934~2007)이 이 문제를 '해결'할 수 있었지만, 힐베르트가 의도한 방향은 아니었다. 이 미국 수학자는 연속체 가설은 증명할 수도 반증할 수도 없다는 걸 증명했다. 이를 위해 오스트리아 출신 쿠르트 괴델의 연구에 의존했는데, 괴델은 35년 전 힐베르트의 두 번째 문제에 대한 놀라운 해답을 내놓은 바 있었다. 그 문제는 산술의 무모순성을 증명하는 것이었다.

물론 힐베르트는 대부분의 동료와 마찬가지로 모든 수학의 기초에는 모순이 있을 수 없다고 가정했다. 그러나 철저한 과학자로서 그에게는 이에 대한 증거가 필요했다.

이 문제를 연구한 괴델은 산술을 포함한 모든 일관된 공리 체계에는 증명할 수도 반박할 수도 없는 명제가 포함돼 있음을 발견했다. 순수한 논리의 힘을 그토록 믿어왔던 수학자들에게 이는 크나큰 좌절이었다. 수학자들이 아무리 애써도 증명할 수 없는 명제가 있다는 뜻이었기 때문이다. 특히 힐베르트는 그 결과에 큰 타격을 받았을 것이다. "문제가 있으면 해결책을 찾아야 한다. 순수한 사고를 통해 그것을 발견할 수 있다"라는 게 그의 신조였다. "우리는 알아야 한다. 우리는 알게 될 것이다!"

괴델의 아이디어는 고대 그리스인이 익히 알고 있던 논리적 역설을 연상시킨다. 그의 트릭은 다음과 같이 그 자체를 포함시키는 명제를 공식화하는 것이었다. 예를 들어 "이 주장은 증명이 없다"는 것처럼 말이다. 이렇게 하면 논리적 딜레마가 즉각 작동한다. 다음의 둘 중 하나이기 때문이다. 문장이 거짓이면, 이 경우 주장은 증명이 있으므로 옳다. 문장이 참이면, 이 경우 증명은 없다. 물론 괴델의 논문은 훨씬 더 수학적이며 복잡하다. 하지만 기본 개념은 동일하다.

1938년 오스트리아가 독일 제국에 합병되면서 괴델은 강사직을 잃었다. 유대인이라는 이유로 길거리에서 폭행을 당하자 그는 고국을 떠나기로 결심했다. 1940년 소련과 일본을 거쳐 미국으로 망명했다. 그곳에서 그는 아인슈타인이 근무하던 프린스턴 대학교의 교수로 임용됐다.

괴델은 자신의 눈부신 결과가 몇 년 전 발표된 상대성 이론과 비슷한 반응을 이끌어내지 못했다는 사실에 실망했다. 하지만 수학자들은 우상화된 논리의 한계를 인정하고 싶어 하지 않는다. 특히 괴델이 해낸 연구의 영향력은 제한적이었기 때문에 대다수는 별다른 고민 없이 이전처럼 연구를 계속했다.

폴 코언은 연속체 가설로 불완전성 정리의 유명한 예를 최초로 발견했다. 이 젊은 수학자는 즉시 프린스턴 대학교에 재직 중이던 괴델을 만나러 갔다. 괴델은 그에게 문을 열어주었다. 하지만 원고를 받아줄 만큼만 문을 열어주었을 뿐이다. 그는 원고를 다 읽은 후에야 동료에게 차를 대접했다. 당시 괴델은 이미 편집증으로 고통받고 있었다. 독에 중독될까 두려워 아무것도 먹지 않는 경우가 많았다. 아내 아델(Adele)의 보살핌 덕분에 겨우 무엇이라도 먹을 수 있었다. 아델이 뇌졸중으로 6개월간 병원에 입원했을 때는 말 그대로 굶어 죽을 지경까지 갔다.

별난 성격의 힐베르트

다비트 힐베르트는 100퍼센트 완벽한 수학자일 뿐만 아니라 독특한 성격의 소유자였음에 틀림없다. 그에 대한 일화는 무수히 많다. 한 가지 예를 들면, 제자 중 한 명이 작가가 되자 그는 이렇게 말했다고 한다. "그거 잘 됐군. 나는 그 친구가 수학자가 되기엔 창의성이 부족하다고 생각했거든."

또 다른 이야기는 사실이라기보다는 허구일 가능성이 높다. 힐베르트는 산수 실력이 좋지 않은 것으로 유명했다. 한 번은 강의 도중 8×7을 계산하는 문제에 직면했다. "여러분, 8×7이 얼마일 것 같나요?" 그가 문자 한 학생이 말했다. "55?" 그리고 또 다른 학생이 대답했다. "57!" 이 윽고 힐베르트가 말했다. "여러분, 그러면 답은 55 아니면 57일 수밖에 없겠군요!"

산술의 공리

정수의 산술을 설명하는 데는 7가지 공리로 충분하다. 가령 모든 숫자 k, m, n에 대해 다음과 같은 공리를 적용할 수 있다.

1. 교환 법칙이 적용된다. $k+m=m+k$ 및 $k \times m = m \times k$

2. 결합 법칙이 적용된다. $(k+m)+n=k+(m+n)$ 및 $(k \times m) \times n = k \times (m \times n)$

3. 분배 법칙이 적용된다. $k \times (m+n) = k \times m + k \times n$

4. $k+0=k$인 숫자 0이 존재한다(덧셈의 항등원—옮긴이).

5. $k \times 1 = k$인 숫자 1이 존재한다(곱셈의 항등원—옮긴이).

6. $k+p=0$인 숫자 p가 존재한다(덧셈의 역원—옮긴이).

7. $k \neq 0$일 경우, 약분 법칙이 적용된다. $k \times m = k \times n$이면 $m=n$이다.

토대에 대한 논생

다비트 힐베르트는 괴델의 불쾌한 행동을 견뎌내야 했을 뿐만 아니라, 자신의 연구 주제인 토대에 대해서도 격렬한 논쟁을 벌였다. 논쟁 상대는 네덜란드 수학자 라위천 브라우어르(Luitzen Brouwer, 1881~1966)였다. 브라우어르는 무한에 대한 대안적 접근 방식인 구성주의 수학을 주장했다. 구성주의 수학에서는 구성할 수 있는 객체만 존재한다. 순수한 논리중심주의적 존재 증명을 거부한 그는 어떤 의미에서 크로네커의 후계자이기도 했다. 그는 자연수에서 출발했고, 자연수로부터 유한한 단계 내에서 구성할 수 있는 것만 허용했다. 이런 식으로 칸토어의 집합론에서 발생한 역설을 피하고자 했다.

고대부터 고전 수학은 제3의 가능성을 배제하는 원리(배중률―옮긴이)를 사용해 간접적인 결론을 도출해왔다. 소수는 무한히 많다는 것과 2의 제곱근(기호 $\sqrt{2}$)이 무리수라는 걸 증명한 것이 그 예다. 〔이에 대한 증명은 소수가 무한하지 않다고 가정한 다음, 그 결론에 모순이 있다는 식으로 전개된다. 또한 2의 제곱근이 유리수라고 가정한 다음 모순을 이끌어낸다. 이를 귀류법(歸謬法)이라고 하는데, 이 과정에서 중간 지대는 없다―옮긴이.〕 브라우어르는 무한이 등장하자마자 '테르티움 논 다투르(Tertium non datur: '제3의 가능성은 주어지지 않는다'는 뜻)'를 거부했다. 그에게 제3의 가능성은 무승부의 형태로 있을 법했다.

고전 수학에서 숫자는 0이거나 0이 아니다. 하지만 브라우어르는 이것을 다르게 생각하고, 0인지 아닌지 아무도 알 수 없는 숫자를 구성했다. 이른바 '브라우어르의 수'라고 불리는 이 숫자는 어쨌든 매우 작다. 이 숫자가 실제로 0과 정확히 일치하는지 확인하려면 무한히 많은 자릿수를 살펴봐야 한다. 이는 유한한 존재인 우리에게는 불가능한 일이다. 수학자에게는 숫자가 0인지 아닌지 판단할 수 없다는 게 언어도단인 것처럼 보일 수도 있다. 프로그래머들은 오래전부터 이 사실을 알고 있었지만 말이다. 컴퓨터는 유한한 정밀도로만 계산하기 때문에 0은 충분히 작은 숫자를 의미하기도 한다.

브라우어르는 자신의 숫자를 정의하기 위해 원주율 π의 소수점 이하 자릿수를 사용했다. 1415926535…. π는 무리수이기 때문에 소수점 뒤의 숫자들은 끝이 없고 결코 반복되는 수도 없다. 이로부터 이 네덜란드 수학자는 자신의 무한히 작은 수를 만들었다. 소수점 앞에는 0을 쓴다. 소수점 뒤의 첫 번째 자리는 π의 소수점 첫째 자리가 7이면 7, 그렇지 않으면 0이다. 소수점 둘째 자리는 π의 소수점 둘째와 셋째 자리가 모두 7이면 7, 그렇지 않으면 0이다. 소수점 셋째 자리는 π의 소수점 넷째, 다섯째, 여섯째 자리가 모두 7이면 7, 그렇지 않으면 0이다. 규칙이 어떻게 이어지는지는 명확하게 알 수 있다. 브라우어르의 수에서, 소수점과의 거리가 멀어질수록 0과 다르기 위해서는 π에서 더 많은 7이 연속적으로 나타나야 한다.

현재 컴퓨터는 π를 수십억 자릿수까지 정확하게 계산해냈다. 그리고 충분히 긴 7의 연속은 한 번도 나타나지 않았다. 따라서 브라우어르의 수는 소수점 뒤에 매우 많은 0으로 시작된다. 그러나 우리는 그것이 실제로 0과 같은지 알 수 없으며 아마도 영원히 알 수 없을 것이다. 왜냐하면 π의 소수점 이하 자릿수는 무한히 많고, 아무도 그 소수점을 모두 살펴볼 수는 없기 때문이다. 따라서 브라우어르의 수 맨 끝에 여전히 7이 나타나는 것은 불가능한 일이 아니다.

어떤 사람들에게는 이 논쟁이 쓸데없는 것처럼 보일 수도 있다. 그러나 수학은 모든 과학 중에서 가장 정확하고 영원한 진리를 만들어낸다고 자랑하고 싶어 한다. 그래서 수학은 면밀한 조사를 견뎌내야 한다.

브라우어르는 동시대 사람들의 생각을 단호히 거부했다. 자신의 접근 방식을 타협하지 않고 옹호했다. 그의 동료이자 같은 네덜란드 수학자인 바르털 판데르바르던(Bartel van der Warden, 1903~1996)은 그에 대해 "자신의 철학에 완전히 매료된 특이한 사람이었다"고 말했다. 브라우어르의 주요 반대자였던 힐베르트는 쿠데타를 언급하기도 했다. 브라우어르의 아이디어는 동료 수학자들에게 마치 천문학자가 망원경을 빼앗기거나 권투 선수가 글러브를 강탈당하는 것과 같았다. "이런 개혁가를 따라가면, 우리가 가장 소중히 여기는 많은 보물을 잃을 위험에 처할 수도 있다."

힐베르트의 제자 헤르만 바일(Hermann Weyl, 1885~1955)은 수학의 집이 "대부분 모래 위에 지어졌다"라고 인정했다. 그럼에도 브라우어르의 혁명에 완전히 동참하고 싶어 하지 않았다. 그는 브라우어르의 방법으로는 물리학에 적용된 모든 결과를 도출할 수 없을 것이라고 우려했다.

이러한 우려는 이제 근거가 없는 것으로 밝혀졌다. 한 세기가 흐르는 동안 과학자들은 구성주의 수학을 통해 물리학자, 공학자, 경제학자가 필요로 하는 모든 것을 증명하는 데 성공했다. 구성주의적 증명은 종종 다소 복잡하지만 더 많은 통찰력을 제공한다. 왜냐하면 그것은 단지 그런 해결책이 존재해야 한다는 형식적인 결론을 제공하는 게 아니라, 실제 해결책을 제시하기 때문이다.

구성주의적 컴퓨터

컴퓨터는 소수점 이하 자릿수가 한정된 숫자만을 인식한다. 그렇기 때문에 컴퓨터는 탁월한 구성주의자라고 할 수 있다. 전 세계의 연구 그룹이 구성주의적인 수학적 증명을 컴퓨터 프로그램으로 자동 변환하는 작업을 진행하고 있다. 데이터베이스, 칩 설계, 자율 주행 열차 운행에서 응용 프로그램이 기대된다. 이러한 소프트웨어 제작 방식의 장점은 오늘날 프로그래밍에서 가장 큰 비중을 차지하는 디버깅, 즉 오류 탐지와 유지관리가 엄청나게 줄어든다는 데 있다. 왜냐하면 소프트웨어가 정확히 그 역할을 한다는 걸 증명할 수 있기 때문이다. 전통적 방식으로 작성한 프로그램에서는 이러한 증명이 원칙적으로 불가능하다.

브라우어르가 이루지 못한 것을 소프트웨어 업계가 부수적으로 해낼 수도 있다. 즉, 그동안 간과해온 구성주의 수학을 소외된 그늘에서 벗어나게 만드는 것이다.

비밀 메시지

일찍이 카이사르(기원전 100~기원전 44)는 적이 해독할 수 없는 방식으로 장군들에게 메시지를 보낸 바 있다. 이 로마 통치자는 텍스트의 각 문자를 알파벳에서 세 자리 뒤에 오는 문자로 대체했다고 한다. 예를 들어, A는 D로, F는 I로 바꾸는 식이다.

따라서 "ZHU NDQQ GDV OHVHQ?"는 "WER KANN DAS LESEN?

(누가 이것을 읽을 수 있습니까?)"라는 뜻이다.

긴 메시지의 경우는 암호화가 쉽게 깨질 수 있다. 문자가 다양한 빈도로 나타나기 때문이다. 예를 들어, 일반적인 독일어 텍스트에서 $\frac{1}{5}$에 해당하는 문자는 E이고, 두 번째로 많이 나타나는 문자는 N이다. 컴퓨터의 도움을 받으면 단 몇 초 만에 긴 메시지를 해독할 수 있다. 즉, 가장 자주 등장하는 문자는 E, 두 번째로 자주 등장하는 문자는 N을 의미하는 식 등으로 말이다.

카이사르가 사용한 암호에서처럼 항상 같은 글자 수로 이동하지 않고, 매번 다른 글자 수로 이동하면 더 이상 암호를 해독할 수 없다. 예를 들어, 첫 글자는 세 글자, 두 번째 글자는 다섯 글자, 세 번째 글자는 아홉 글자씩 이동하면 'WER'은 'ZJA'로 표기된다. 이런 방식으로 암호화된 메시지는 각 문자가 몇 자리씩 이동했는지를 아는 사람만 일반 텍스트로 변환할 수 있다. 텍스트에 여러 번 나타나는 문자는 항상 다른 문자로 암호화되므로, 문자의 빈도가 메시지 해독에 도움이 되지는 않는다. 그러나 이 방법에는 결정적 단점이 있다. 발신자와 수신자가 각 경우에 얼마나 많은 문자를 이동시킬지에 대한 목록이 필요하다. 그리고 이 목록은 위험을 감수하지 않으려면 암호화할 텍스트만큼 길어야 한다. 냉전 시대에는 미국과 소련 양측 모두 비슷한 방법을 사용했다. 소련의 비밀 기관은 동일한 숫자 목록을 여러 번 사용한 것으로 알려져 있다. 이를 통해 미국인들은 몇 가지 메시지를 해독하고, 일부 요원의 신원을 파악할 수 있었다.

제2차 세계대전 당시 독일군은 오래된 타자기처럼 생긴 에니그마

(Enigma: 그리스어로 '비밀'이라는 뜻)라는 암호화 기계에 의존했다. 내부에서 회전하는 여러 개의 실린더가 입력 문자를 어떻게 코드화할지 결정했다. 실린더를 교체함으로써 서로에 대한 각각의 위치를 변경할 수 있었다. 이것은 기계가 수십억 개의 다른 옵션으로 설정될 수 있다는 걸 의미했다. 영국에서는 수학자 앨런 튜링(Alan Turing, 1912~1954)이 이끄는 전문가들이 기계의 암호를 해독하는 임무를 맡았다. 이 영국인들은 에니그마 장치를 재현하고 메시지의 특정 단어를 추측해 실린더의 위치를 알아내기 위해 노력했다. 예를 들어, 매일 오후 6시경에 전송되는 메시지는 항상 일기 예보로 시작한다는 사실을 발견했다. 무선 메시지는 엄격한 규칙에 따라 이뤄졌기 때문에 매번 같은 위치에 '날씨'라는 단어가 등장했다. 영국인들은 에니그마 복제품에 '날씨'라는 단어를 입력하고, 기계가 올바른 암호를 출력할 때까지 다양한 조합을

제2차 세계대전 당시 과학자들이 원자폭탄을 개발한 맨해튼 프로젝트에는 수학자도 많이 참여했다.

시도했다.

1943년부터 영국은 컴퓨터의 초기 형태를 사용하기 시작했다. 이를 통해 종종 독일에서 보낸 비밀 메시지를 해독하는 데 성공할 수 있었다. 적군이 에니그마를 해독했다는 의혹이 제기되기도 했지만, 암호의 보안을 확신한 독일군 지휘관들은 암호를 변경할 이유가 없다고 생각했다. 일부 역사가들은 이것이 독일군의 패배를 초래했다고 믿는다.

최근에는 군대와 스파이만 암호를 사용하는 게 아니다. 이메일을 사용하거나 온라인으로 은행 거래를 하고자 하는 사람이라면 누구나 많은 숫자를 거쳐 메시지를 암호화하는 프로그램을 사용한다. 코드를 읽으려면 숫자를 인수들로 분해해야 한다. 숫자가 정말 크면 이 작업은 사실상 불가능하다. 컴퓨터는 수백 자리 숫자를 몇 초 만에 곱할 수 있다. 그러나 그 결과를 소인수로 분해하는 것은 가장 빠른 전자계산기조차도 감당하기 어렵다. 특히, 소인수가 100자리 이상의 큰 숫자일 경우에는 더욱 그렇다.

그러나 사용자는 한 가지 위험을 감수해야 한다. 만약 언젠가 수학자들이 큰 숫자를 현재보다 훨씬 적은 계산으로 인수분해하는 방법을 개발한다면, 모든 암호화 메시지를 무단으로 해독할 수 있다. 수십 년 동안 이 작업에 대한 연구가 실패했기 때문에, 그 누구도 이것을 예상하지는 않지만 말이다.

카오스

컴퓨터의 등장으로 명백해진 것처럼, 유한한 정도로 구성주의적인 계산을 하더라도 때때로 이상한 결과가 발생한다.

약 60년 전, 에드워드 로렌츠(Edward Lorenz, 1917~2008)는 기상 데이터를 자신의 컴퓨터에 입력했다. 당시만 해도 컴퓨터가 매우 느렸기 때문에 이 미국 기상학자는 온도, 풍력, 열 흐름 3가지만 고려한 간단한 공식을 사용했다. 로렌츠는 결괏값을 신뢰하지 못해서 계산의 일부를 다시 수행했다. 두 번째 실행은 반올림한 중간 결괏값에서부터 시작하기로 했다. 그래서 0.506127 대신 0.506을 입력했다. 기상학자는 결괏값이 다르다면 뭔가 잘못된 게 틀림없다고 생각했다. 실제로 두 결과는 공통점이 거의 없었다. 계산된 날씨 패턴은 완전히 다르게 보였다. 하지만 컴퓨터 때문일 수는 없었다. 로렌츠는 원래의 초깃값을 다시 입력했고, 처음과 정확히 동일한 숫자 열을 얻었다.

퍼즐의 해답은 컴퓨터가 소수점 이하 세 자리 이상에서 내부적으로 작동하고 있었다는 것이다. 예를 들어, 미풍을 추가하는 데 불과했을 수도 있는 이 작은 차이가 점점 커져서 예측을 빠르게 뒤엎었다. 이로 인해 초기 데이터의 작은 변화가 큰 결과를 가져오는 나비 효과가 탄생했다. 그 이후로 일기 예보관들은 예보가 틀렸을 때 완벽한 변명을 할 수 있게 되었다.

기상학자들은 나비 효과를 피하고 좀더 신뢰할 수 있는 정보를 얻기 위해, 측정 데이터를 전개하면서 매번 조금씩 다른 초깃값으로 여러 번 계산한다. 그런 다음 계산 결과의 이상값은 버리고 나머지로 평균값을 구한다. 그러나 이 방법은 예측이 향후 며칠로 한정적인 경우에만 신뢰할 수 있는 결과를 제공한다. 더 긴 기간 동안에는 큰 편차가 너무나 많다.

기상 연구자들은 단계별로 예보를 계산한다. 측정 데이터를 컴퓨터에 입력한 다음 이를 통해 각 지역의 날씨 변화를 파악한다. 예를 들어, 예보 기간은 4시간 단위의 개별 구간으로 나뉘며, 이를 위해 다양한 변수를 결정한다. 첫 번째 기간의 결과는 두 번째 기간 이후의 온도, 바람, 습도 계산에 포함된다. 즉, 편차가 커질 수 있다. 컴퓨터 프로그램이 섭씨 15.2도가 아닌 섭씨 15.1도로 시작하면 큰 차이가 없는 것처럼 보일 수 있다. 실제로 첫 번째 기간 이후에는 온도 차이가 작게 유지된다. 그러나 10회 또는 20회 이후에는 섭씨 20도 이상 오를 수 있다.

과학자들은 초깃값의 작은 편차가 결과에 큰 차이를 가져올 수 있는 경우를 카오스 시스템이라고 한다. 날씨 외에도 액체의 난류, 핀볼 기계에서 공의 경로, 지진의 분포 또는 이중 진자(중간에 관절이 있는 진자) 등이 그러한 예다.

혼란스러운 동작은 동일한 비선형 방정식의 해를 초깃값으로 반복해서 사용할 때 항상 발생한다. 비선형이란 변수, 즉 입력값이 방정식의 1차수로만 나타나는 게 아니라는 뜻이다. 예를 들면, 1.1^x처럼 x와 x^2이 지수에서 나타날 수 있다.

카오스는 기상학자와 지진학자들의 골머리를 앓게 했지만, 기하학에 대한 새로운 접근 방식으로 이어졌다. 브누아 망델브로(Benoit

Mandelbrot, 1924~2010)는 유클리드 기하학이 자연을 설명하는 데 적합하지 않다고 비판했다. 폴란드계 프랑스인 수학자로서 미국에서 오랫동안 거주하고 일했던 그는 자신의 저서 《자연의 프랙털 기하학》에서 이렇게 썼다. "왜 기하학은 종종 건조하고 냉정하다고 불릴까? 그 이유 중 하나는 구름, 산, 해안선 또는 나무 같은 모양을 설명할 수 없기 때문이다. 구름은 구가 아니고, 산은 원뿔이 아니며, 해안선은 원이 아니다. 나무껍질은 매끄럽지 않고 번개는 일직선으로 뻗어가지 않는다."

망델브로에게 자연의 본질은 자기 유사성이다. 이것은 같은 형태가 다른 크기로 반복해서 나타나는 것을 의미한다. 예를 들어 나무는 큰 가지를, 큰 가지는 작은 가지를, 작은 가지는 잎사귀를 연상시킨다. 위성에서 해안선을 보면 마치 비행기나 풍선 기구에서 보는 것처럼 들쭉날쭉한 형태가 크기만 다를 뿐 똑같다.

망델브로는 한 기술 전문 저널에 영국의 해안선은 길이가 얼마나 되는지 질문하며, 그건 보는 척도에 따라 다르다고 스스로 대답했다. 가까이서 볼수록 더 많은 돌출부와 움푹 들어간 부분이 나타난다. 이것이 원자 크기의 눈금까지 확장된다. 따라서 해안선의 길이는 무한대로 늘어난다.

망델브로는 자기 유사성을 자연의 중요한 원리로 인식하는 데 만족하지 않고 재창조했다. 이를 위해 비교적 간단한 공식을 계산하고, 그 계산 결과를 초기 데이터로 다시 공식에 입력했다. 이 과정을 컴퓨터로 수없이 반복하고 그 결과를 그래픽으로 표시했다. 가장 유명한 이미지

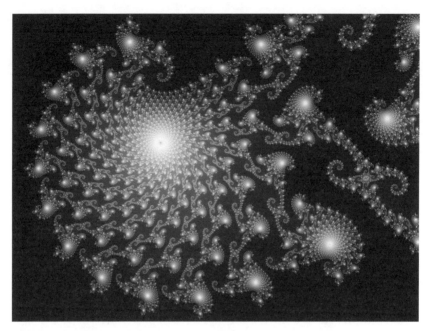

프랙털 기하학의 그림에서는 비슷한 구조가 다른 규모로 반복해서 나타난다.

는 '사과 남자'라는 뜻의 '아펠멘헨(Apfelmännchen)'으로도 알려진 '망델
브로 집합'이다. 이 이미지를 확대하면 비슷한 구조를 반복해서 발견할
수 있다.

최근 수학자들은 망델브로의 이른바 프랙털 기하학을 적용해 공상과
학 영화와 컴퓨터 게임의 배경이 되는 상상 속 풍경과 행성 전체를 마
법처럼 만들어냈다.

벤포드의 기괴한 법칙

우리는 일상에서 끊임없이 숫자에 둘러싸여 살아간다. 통계, 주소, 청구서, 주식 시장 차트, 스포츠 경기 결과 등에도 숫자가 등장한다. 이상하게도 숫자는 같은 빈도로 나타나지 않는다. 적어도 가장 높은 위치(자릿수가 가장 큰 맨 왼쪽을 의미한다—옮긴이)에서는 말이다. 대부분의 데이터 세트에서 1로 시작하는 숫자가 9보다 6배 이상 많다. 이런 사실은 1938년 프랭크 벤포드(Frank Benford, 1887~1948)가 발견했다.

제너럴 일렉트릭에서 근무한 미국의 물리학자이자 레이저 포인터 발명가인 벤포드는 지난 세기에 숫자가 d로 시작될 확률이 $\log(1+\frac{1}{d})$이라는 공식을 입증했다. 휴대용 계산기를 사용해 맨 앞자리 숫자의 확률을 계산해볼 수 있다. 1이 먼저 나올 확률은 약 30퍼센트, 2는 18퍼센트 미만, 3은 12퍼센트, 9는 4.5퍼센트다.

이상해 보이는 이 규칙이 믿기지 않는다면 직접 테스트해보자. 이 책에 나오는 숫자의 약 3분의 1은 1, 5분의 1은 2, 8분의 1은 3, 20분의 1은 9로 시작된다. 의심스러운 독자들은 구글 테스트도 해볼 수 있다. 예를 들어, 검색 엔진은 5 또는 9로 시작하는 숫자보다 1로 시작하는 5자리 숫자의 주소를 훨씬 더 많이 보여줄 것이다.

계산기와 컴퓨터가 없던 시절, 과학자들은 긴 계산을 단축하기 위해 로그를 사용했다. 어느 날 벤포드는 앞자리에 작은 숫자가 적혀 있는 로그표의 첫 페이지가 마지막 페이지보다 더 지저분하다는 사실을 발견했다. 이를 통해 그는 앞에 1이 있는 숫자가 앞에 2가 있는 숫자보다 더 흔하고, 마찬가지로 앞에 2가 있는 숫자는 다시 앞에 3이 있는 숫자보다 더 자주 나타난다는 결론을 내렸다. 이것만이 참고서의 첫 페이지들이 너덜너덜해진 이유를 설명할 수 있었다.

벤포드는 로그에서 멈추지 않았다. 손에 넣을 수 있는 모든 수학적 소재에 뛰어들었다. 방사성 원소의 반감기, 소수(素數), 전기 요금, 사망률, 물리 및 화학 상수, 야구 리그 점수, 미국 과학자들의 집 번호 등 모든 수치를 찾아냈다. 벤포드의 부지런함은 끝이 없었다. 컴퓨터 없이 총 2만 개 이상의 데이터 세트를 분석했다. 그 결과 거의 모든 곳에서 동일한 패턴을 발견했는데, 첫 번째 숫자가 1인 경우가 가장 많았고, 그다음이 오름차순으로 다른 숫자였다.

물론 모든 데이터 세트가 벤포드의 규칙을 따르는 것은 아니다. 예를 들어, 여름의 일일 최고 기온은 거의 모두 2 또는 3으로 시작된다. 복권 구매자에게는 이 법칙도 소용이 없다. 숫자 10에서 19까지의 공은 다른 공보다 회전통에서 더 자주 떨어지지 않기 때문이다.

과학자들은 가장 높은 위치에 작은 숫자가 누적되는 이유를 아직 완전히 이해하지 못했다. 아직까지 데이터 세트가 벤포드의 법칙을 따르는지를 미리 판단할 수 있는, 일반적으로 유효한 기준은 없다. 이를 알아낼 수 있는 유일한 방법은 앞에 1이 있는 숫자, 2가 있는 숫자 등을 세어보는 것뿐이다.

예를 들어, 집 번호의 경우 앞부분에 작은 숫자가 많은 이유는 분명하다. 모든 거리는 숫자 1로 시작하지만 모두가 10에 도달하는 것은 아니다. 두 자리 숫자를 갖고 있는 거의 모든 집은 공터를 제외하고 전부

10의 자리 번호를 갖는다. 그 집들 중 일부만이 90번대 번호를 갖는다. 그리고 500번대 숫자를 갖는 경우는 극히 드물지만, 100에서 199 사이의 집 번호는 흔하다. 따라서 1이 가장 흔한 앞자리 숫자다.

벤포드의 법칙은 주가에도 적용할 수 있다. 주가지수가 1000이라고 가정할 때 2가 앞자리의 1을 대체하려면 지수가 100퍼센트, 즉 1000에서 2000으로 상승해야 한다. 매년 10퍼센트씩 상승한다면 7년이 조금 넘게 걸린다. 그러나 주가지수가 5000이라면 20퍼센트만 상승해도 5를 6으로 바꿀 수 있다. 따라서 10퍼센트의 지속적인 성장으로 5는 2년 미만의 기간 동안만 앞자리를 지킬 수 있다. 지수가 9000에서 시작하면 11퍼센트 또는 13개월이면 1만에 도달할 수 있다. 이제 주가지수는 다시 숫자 1로 시작한다. 100퍼센트 오르기 전까지는 말이다.

최근 연구자들은 이 규칙을 사용해 정치적 선거의 조작 여부를 테스트했다. 2004년 베네수엘라 대선, 2006년 멕시코 대선, 2009년 이란 대선의 득표수는 벤포드의 패턴에서 크게 벗어났다. 그러나 다른 전문가들은 이러한 방식으로 선거 부정을 입증할 수 있는지에 의문을 제기한다.

반면, 세금 사기는 법에 의해 적발할 수 있다. 올바른 세금 신고서나 대차대조표에서 숫자들의 앞자리는 벤포드의 법칙에 따라 일치해야 한다. 그렇지 않다면 누군가 정보를 조작했을 가능성이 높다. 이후 자세한 조사를 통해 명확하게 밝혀야 한다. 최근 국가 위기 이전의 그리스 경제 데이터 조작도 이 기괴한 법칙으로 증명할 수 있다.

컴퓨터로 증명하기

컴퓨터를 사용해 수학자들은 자신의 공식을 매력적인 방식으로 시각화할 수 있다. 이뿐만 아니라 때로는 전자두뇌가 공식을 증명하는 데도 도움을 준다. 대표적인 예가 4색 문제다. 1852년 프랜시스 거스리(Francis Guthrie, 1831~1899)라는 학생은 영국의 카운티 지도를 색칠하고 싶었다. 그는 이웃하는 지역들이 서로 다른 색을 띠게 할 경우 지도에 몇 가지 색을 사용하면 충분한지 궁금했다. 예를 들어, 3가지 색상으로는 충분하지 않다고 판단했다. 반면, 5가지 색이 필요한 지도를 만들 수는 없었다. 그렇다면 모든 경우에 4개면 충분할까?

수많은 노력에도 불구하고 100년이 넘도록 4가지 색상으로 충분하다는 가정을 증명하거나 반증한 사람은 아무도 없었다. 이 문제의 까다로운 점은 다음과 같다. 즉, 수백만 개의 지도에 대해 4가지 색상으로 충분하다는 걸 확인했다고 해도 아무런 도움이 되지 않는다. 누군가 언제든 다섯 번째 색이 필요한 다른 지도를 찾을 수 있기 때문이다. 모든 경우를 포괄하는 증명이 필요했다.

1970년 미국 일리노이 대학교의 명예교수 볼프강 하켄(Wolfgang Haken, 1928~)은 4가지 색만으로는 충분하지 않을 수 있는 상황들에 대한 목록을 통해 이 문제를 추적했다. 안타깝게도 이 목록은 너무 방대해서 베를린 출신인 하켄은 연필과 종이로는 이를 해결할 수 없었다. 그래서 컴퓨터를 사용해볼까 생각했다. 하지만 컴퓨터로 작업해도 100년이 넘게 걸릴 정도로 바쁠 것 같았다.

그래서 하켄은 동료인 케네스 아펠(Kenneth Appel, 1932~2013)과 함께 결정적인 지도를 더 빨리 시험해볼 수 있는 소프트웨어를 설계했다. 하켄과 아펠은 이렇게 썼다. "이 프로그램은 우리를 놀라게 만들었다. 처음에는 프로그램의 예측을 수작업으로 확인하며 어떻게 반응할지 살펴봤다. 그런데 갑자기 체스 컴퓨터처럼 행동하기 시작했다. 우리가 가르친 모든 요령을 사용해 복잡한 전략을 수립했고, 종종 이러한 접근 방식은 우리가 시도한 것보다 훨씬 더 똑똑했다."

1977년까지 컴퓨터는 목록에 있는 1936개의 지도를 모두 처리했다. 그중 4가지 이상의 색상이 필요한 지도는 하나도 없었다. 이로써 '4색 정리'가 입증되었다.

하켄과 아펠은 수학 저널에 증명을 제출했다. 어느 연구 논문과 마찬가지로 편집자들은 해당 문제와 관련 있는 다른 전문가들에게 검토를 요청했다. 그들은 논문의 이론적인 부분을 확인했을 뿐만 아니라, 어떤 불일치도 발견하지 못한 채 컴퓨터 계산을 반복했다. 그럼에도 논문 발표 이후에조차 하켄과 아펠의 논문을 증거로 간주할 수 있는지에 대한 논의가 계속됐다. 회의론자들은 컴퓨터가 수행한 모든 단계를 이해할 수 있는 사람은 아무도 없다고 주장했다. 따라서 오류가 발생했을 가능성을 배제할 수 없었다.

다른 이들은 컴퓨터의 도움 없이 이뤄진 증명에서도 종종 오류가 발견되지 않았다고 반박했다. 실제로 몇 년이 지난 후에야 논리적 오류를 발견하는 경우가 많았다. 4색 정리의 역사에서만 이런 일이 여러 번 일어났다. 어떤 '증명'은 무효로 증명되기까지 11년이나 걸렸다.

다른 정리의 경우, 과학자들은 광범위한 증명을 고안해냈다. 한 사람이 그것을 더 이상 완벽하게 검증할 수 없을 정도로 말이다. 예를 들어, 유한군의 분류('유한 단순군의 분류'라고도 한다—옮긴이)는 1992년 100명 이상의 수학자가 공동으로 연구한 결과다. 그럼에도 증명의 모든 단계를 여러 전문가가 검증 및 재현했기 때문에 이 문제는 해결된 것으로 여겨진다.

1990년대 중반, 4명의 미국 수학자가 하켄과 아펠의 증명에 도전했다. 그들은 곧 원문을 이해하는 것보다 추측을 새롭게 증명하는 게 더 쉽다는 걸 깨달았다. 그 결과 컴퓨터를 사용했지만 훨씬 더 이해하기 쉬운 4색 정리의 새로운 증명이 탄생했다. 저자들은 "컴퓨터가 제대로 작동하는지, 번역 프로그램에 오류가 있는지 확인하지는 않았다"고 인정했다. 그러면서 여러 번 실행해도 항상 같은 결과가 나왔기 때문에 컴퓨터에서 오류가 발생할 확률은 사람의 실수보다 "무한히 적다"고 했다.

시간이 지남에 따라 점점 더 많은 수학자가 전자두뇌를 이용한 증명을 받아들였다. 4색 정리 외에도 이런 방식으로만 증명할 수 있는 다른 정리들이 등장했다.

그러나 미학자들은 여전히 컴퓨터 증명에 대해 불만족스러워한다. 그것들이 너무 기술적이고 문제의 구조에 대한 통찰력을 제공하지 않는다면서 말이다. "좋은 증명은 시처럼 읽힌다"라는 것이 미학계의 신조 중 하나다. 반면, 4색 정리는 전화번호부처럼 보인다. 우아한 증명을 찾기 위한 탐구는 계속되고 있다.

수학적 아름다움

순수 수학에서 아름다움은 최고의 재산 중 하나로 간주된다. 이에 대해서는 영국인 고드프리 해럴드 하디(Godfrey Harold Hardy, 1877~1947)가 가장 인상적으로 표현했다. "수학자의 작품은 화가나 시인의 작품만큼이나 아름다워야 한다. 아이디어는 색상이나 단어처럼 조화를 이뤄야 한다. 아름다움이 첫 번째 시험이다. 이 세상에 추한 수학이 설 자리는 없다."

수학적 사고의 아름다움을 구성하는 요소는 명확하게 정의돼 있지 않다. 처음 접하는 사람은 이해하기 어려울 수도 있다.

가우스가 1과 100을 더한 방법, 피타고라스의 정리 증명, 유클리드의 소수 무한대 증명은 수학적 아름다움을 선사한다. 헝가리 수학자 팔 에르되시는 유클리드의 소수 무한성에 대한 증명에서 큰 영향을 받았다. "열 살 때 아버지가 유클리드의 증명에 대해 말씀해주셨는데, 나는 당시 그것에 매료되었다." 그는 17세 때 어떤 수와 그 수의 배수 사이에는 적어도 하나의 소수가 있다는 정리를 증명했다. 예를 들어 3과 6 사이에는 5, 10과 20 사이에는 11이 있다. 하지만 이 정리에 따르면, 2조와 4조 사이에도 소수가 존재해야 한다. 에르되시가 이 정리를 최초로 증명한 사람은 아니지만, 그는 이전 학자들보다 훨씬 간단한 방법을 사용했다.

이 헝가리인의 궁극적 목표는 수학적으로 우아한 증명을 찾는 것이었다. 그는 거의 60년 동안 전 세계를 여행하며 동료들을 방문하고, 그들과 함께 새로운 정리를 확립하는 데 시간을 보냈다. 그에겐 고정된 거처가 없었다. 옷 몇 벌이 들어 있는 여행 가방과 원고로 가득 찬 쇼핑백 등 모든 소지품을 직접 들고 다녔다. 사람들을 맞이할 때는 늘 "내 마음은 열려 있어요"라고 말했는데, 이는 "나는 새로운 수학적 모험을 할 준비가 되어 있습니다"라는 의미였다. 그는 불필요한 공손한 표현 따위 없이 곧장 수학적 문제를 다루는 경우가 많았다. 그처럼 많은 과학 논문을 출판한 수학자도 없었다. 그리고 그보다 더 많은 동료와 함께 연구를 수행한 사람도 없었다. 에르되시는 거의 500명에 달하는 수학자들과 공동 논문을 썼는데, 이 기록은 아마도 깨지기 어려울 것이다.

에르되시는 종종 신이 정리의 완벽한 증명을 보관하고 있는 책에 대해 이야기하는 걸 좋아했다. 그 자신은 믿지 않았던 신은 그에게 SF(supreme fascist), 즉 '최고의 파시스트'일 뿐이었다. SF는 고통을 즐기기 위해 사람들을 창조했을 뿐이다. 신의 잔인함 중 하나는 사람들에게 책을 내주지 않았다는 것이다. 그래서 수학자들은 때때로 그 내면을 엿볼 수 있도록 그들의 집단 지능과 직관을 총동원해야 한다.

베를린의 수학자 마르틴 아이그너(Martin Aigner, 1942~2023)와 귄터 치글러(Günter Zigler, 1963~)는 이 떠돌이 동료에게 책에 대한 첫 번째 접근을 작성해보자고 제안했다. 그는 열정적으로 이 아이디어를 받아들였고, 그의 방식대로 즉시 작업에 착수했다. 페이지마다 자신의 세안을 가득 채웠다.

에르되시는 작업을 완료하기 전인 1996년에 사망했다. 그답게 83세의 그는 이제 막 바르샤바에서 열린 수학 학회에 참석한 참이었다. 아이그너와 치글러는 그의 빈자리를 채우며 《증명의 책》을 완성했다.

저자들은 주로 기본적인 증명들을 소개하려고 노력했다. 그러나 수학을 몇 학기밖에 공부하지 않았거나 에르되시의 천재성을 갖지 못한 평범한 사람들이 이 책을 접하면 좌절하고 말 것이다. 물론 거장 자신은 이 비범한 수학적 섬광의 불꽃에 기뻐했을 테지만 말이다.

《증명의 책》은 유클리드 증명을 첫 번째로 소개하고, 그 뒤로 무한히 많은 소수 등 5가지 증명이 이어진다. 소수는 화학의 원소나 물리학의 기본 입자에 비유할 수 있다. 물 분자는 수소 원자 2개와 산소 원자 1개로 구성된다. 마찬가지로 모든 숫자는 소수로 이뤄져 있다. 예를 들어 30은 2, 3, 5의 곱이다. 소수는 오늘날에도 여전히 연구에서 중요한 역할을 한다. 소수의 모든 속성이 밝혀진 것은 아니다. 아직 인간의 손에 의해 재구성되지 않은 '신의 책'의 여러 페이지는 소수에 관한 내용일 것으로 추정된다.

에르되시는 영리했지만 세속적인 문제에는 다소 무지했다. 그는 21세 때 겪었던 경험을 이렇게 묘사했다. "티타임에 빵이 나왔다. 나는 너무 혼란스러워서 스스로 샌드위치를 직접 만들어본 적이 없다는 사실을 인정할 수 없었다. 하지만 시도해보니 그렇게 어렵지 않더군." 평생을 살아오면서 이 총각은 가장 간단한 집안일조차 배우지 못했다. "달걀을 삶는 것은 할 수 있지만 시도해본 적이 없다." 그런 일은 그에게 시간 낭비일 뿐이었다. 대신 새로운 정리를 찾는 데 시간을 쏟고, 그 정리를 우아하게 증명하는 걸 선호했다. 그렇게 함으로써 '신의 책'을 잠시나마 엿보고 싶어 했다.

에르되시는 하루에 5시간 이상 잠을 자지 않았다. 항상 커피와 각성제를 마시며 깨어 있었다. 그는 "수학자란 커피를 정리로 변화시키는 기계"라고 말했다. 한 친구가 약 없이 30일을 살 수 있는지 500달러 내기를 제안한 적이 있었다. 그는 커피 없이 버텨냈지만, 내기로 인해 수학 연구가 한 달 늦춰졌다고 말했다.

에르되시 번호

팔 에르되시는 약 1500편의 수학 논문을 썼는데, 그 대부분을 동료들과 함께 집필했다. 그 결과 '에르되시 번호'라는 게 생겼다. 그와 같이 직접 논문을 발표한 수학자 509명은 에르되시 번호 1을, 그와 개인적으로 함께 작업하지는 않았지만 에르되시 번호 1을 가진 사람과 공동 작업한 수학자는 에르되시 번호 2를 가졌다. 이 목록은 인터넷(http://www.oakland.edu/enp)에 꼼꼼하게 실려 있다.

가장 아름다운 10가지 정리

1990년 수학 정보 제공 저널 〈매서매티컬 인텔리전서〉는 독자들을 대상으로 가장 아름다운 정리가 무엇인지 알아보기 위한 설문 조사를 실시했다. 증명이나 응용에 관한 것이 아니라 진술의 미학에 대한 것이었다. 상위 10위권에는 이 책에서 언급한 4가지 정리가 있다. 9위는 4색 정리, 7위는 $\sqrt{2}$를 분수로 나타낼 수 없다는 정리, 4위는 플라톤의 입체는 5개뿐이라는 정리, 2위는 유클리드의 소수 무한성 정리가 차지했다.

수학자들은 가장 아름다운 정리로 $e^{i\pi} + 1 = 0$ 공식을 선택했다. 이 방정식에는 미분법에서 가장 중요한 숫자들이 등장한다. 0, 1, 이른바 오일러 수 $e(=2.718\cdots)$, 원주율 $\pi(=3.141\cdots)$, 일명 허수 단위 $i(=\sqrt{-1})$ 등이다.

인도의 천재

스리니바사 라마누잔(Srinivasa Ramanujan, 1887~1920)은 대학 교육을 받은 적이 없다. 책으로 수학을 독학했다. 26세 때에는 항만 사무소에서 일하며 유명한 정수론(整數論: 정수의 성질을 연구하는 학문—옮긴이) 학자 고드프리 하디에게 편지를 보냈다. 편지에는 9쪽 분량의 방정식과 공식을 동봉했는데, 그중 단 하나도 증명하지 못했다.

편지를 읽은 하디는 이렇게 결론 내렸다. "그것들은 틀림없이 사실일 거야. 그렇지 않고서야 누구도 상상력을 발휘해 꾸며낼 수 없을 테니까." 그는 라마누잔에게 답장을 보냈다. "더 많은 것을 보내주시오. …가능한 한 빨리 증명도 함께!" 그리고 라마누잔을 영국으로 초대했다. 하지만 그는 독실한 힌두교도이자 브라만 계급의 일원으로서 해외여행을 망설였다. 그런데 나마기리(Namagiri) 여신의 사원에서 기도하며 사흘 밤낮을 보내던 중 라마누잔은 환상을 보았다. 여신이 그에게 말했다. "유럽으로 가서 전통과 결별하라."

라마누잔은 케임브리지 대학에서 공식을 하나하나 고안해냈다. 그의 좌우명은 이랬다. "방정식, 그것이 신에 대한 생각을 표현하지 않는다면 무슨 의미가 있겠는가?" 그는 때때로 휴식 없이 30시간씩 일하기도 했는데, 이미 나빠진 건강이 더욱 쇠약해졌다.

하디는 제자가 병원에 입원해 있을 때 병문안을 간 적이 있다. 그는 숫자 이론가로서 대화를 시작하기 위해 택시 넘버 1729번을 타고 왔다고 말했다. 확실히 지루한 숫자라면서 말이다. 라마누잔은 즉시 동의하지 않았다. 1,729는 두 수의 3제곱의 합이면서 2가지 방법으로 쓸 수 있는 가장 작은 숫자였기 때문이다. $1,729 = 1^3 + 12^3 = 9^3 + 10^3$.

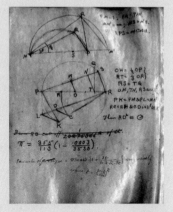

인도인 스리니바사 라마누잔의 기록은 오늘날에도 여전히 수학자들을 당혹스럽게 한다.

영국에서 5년을 보내고 1919년 인도로 돌아온 라마누잔은 1년 후 32세의 나이에 결핵으로 사망했다. 그는 증명 없이 낙서한 공식으로 가득 찬 검은색 공책 네 권을 남기고 떠났다. 수학자들은 오늘날에도 그중 몇 가지 공식을 놓고 여전히 수수께끼를 풀고 있다.

성취

에르되시처럼 많은 수학자는 자신만의 독특한 특징을 갖고 있다. 피에르 드 페르마의 나쁜 습관은 책 페이지 여백에 코멘트를 휘갈겨 쓰는 것이었다. 예를 들어 그는 17세기 중반, 정수해를 가진 방정식에 관한 디오판토스의 저서에 장차 유명세를 타게 될 추측을 메모했다. 그러곤 후대를 조롱하듯 "이 주장에 대해 나는 정말 놀라운 증거를 찾았지만, 이 여백이 너무 좁아서 그것을 담을 수 없다"고 덧붙였다. 이 문장은 그의 아들에 의해 사후에야 알려졌는데, 페르마는 이 놀라운 증명을 무덤까지 가져갔다.

페르마는 $x^n + y^n = z^n$ 방정식에서 2보다 큰 n에 대한 정수해는 없다고 주장했다. 바빌로니아 사람들은 이미 $n = 2$에 대한 해가 있다는 걸 알고 있었다. 이 경우 방정식은 피타고라스의 정리이며, 가능한 해는 $3^2 + 4^2 = 5^2$이다. 그러나 페르마에 따르면, $n = 3, 4$ 혹은 그 이상에서는 이러한 해를 찾을 수 없다.

예를 들어, 수학자들은 시간이 지나면서 $x^3 + y^3 = z^3$ 방정식에 정수해가 없다는 것을 증명했다. 하지만 2보다 큰 임의의 정수인 지수에 대해서는 이를 증명할 수 없었다.

20세기 초, 파울 볼프스켈(Paul Wolfskehl, 1856~1906)은 페르마의 유산을 해명하는 사람에게 포상하겠다고 제안했다. 그 이유는 실연 때문이었다. 이 독일인 사업가는 사랑하는 여인에게 청혼을 거절당하고 생을 마감하기로 결심했다. 철저한 성격인 그는 정확히 자정에 스스로 목숨을 끊기로 계획을 세웠다. 그리고 모든 것을 일찍 정리한 후, 마지막 시간을 보내기 위해 페르마의 추측을 다루고 싶었다. 그는 수학 속에서 시간을 잊었고, 스스로 정한 마감일이 지나도록 자살하지 않았다. 감사의 표시로 그는 10만 골트마르크(Goldmark: 1873년부터 1914년까지 통용된 독일 화폐—옮긴이)의 상금을 제정했다. 하지만 세기말이 돼서야 누군가 상금을 가져갔고, 그사이 경제 위기로 인해 그 가치는 약 3만 5000유로로 크게 떨어졌다.

앤드루 와일스(Andrew Wiles, 1953~)는 학창 시절 일찍이 페르마의 추측에 매료됐다. 하지만 영국 태생의 과학자는 이걸 증명하려는 시도를 당분간 미루고 대학 수학자로서 경력을 쌓았다. 1990년 무렵, 그는 학업을 중단한 채 다락방에 틀어박혀 지내기 시작했다. 동료들은 그가 벌써 지쳤을 거라며 비웃었다. 하지만 와일스는 아무에게도 말하지 않고 이 유명한 추측을 계속 파고들었다. 그는 다른 수학자들이 이 유명한 정리를 이른바 다니야마-시무라(谷山-志村) 추측으로 축소해 진전을 이루었다는 사실을 알게 되었다. 2011년부터 옥스퍼드 대학에서 연구를 해온 이 영국인은 이렇게 회상했다. "흥분으로 들떠 있었죠. 제 인생의

진로가 곧 바뀔 것이라는 사실을 깨달았습니다. 페르마의 마지막 정리를 증명하기 위해서는 이제 다니야마-시무라 추측만 입증하면 됐으니까요. 어린 시절의 꿈이 진지한 사람이 해낼 수 있는 무언가가 된 것이죠. 기회를 놓칠 수 없었습니다."

7년 후, 와일스는 마침내 수학의 최신 발전에 기반한 증명을 발표할 수 있었다. 수학계는 발칵 뒤집혔고, 그는 수학에 대해 잘 보도하지 않는 언론에서도 스타로 떠올랐다.

그런데 한 동료가 와일스의 주장에

와일스는 페르마의 추측을 증명하면서 이렇게 말했다. "나는 이 문제에 너무 사로잡혀서 아침에 일어났을 때부터 잠자리에 들 때까지 8년 동안 다른 어떤 생각도 하지 않았습니다. 이러한 아주 특별한 여정은 이제 끝났고 내 영혼은 평화를 찾았죠."

서 허점을 발견하며 드라마는 막을 내리는 듯했다. 하지만 1년 만에 와일스는 그의 박사과정 학생인 리처드 테일러(Richard Taylor, 1962~)와 함께 그 결함을 보완하는 데 성공했다. 그 이후로 이 악명 높은 가정은 입증된 것으로 여겨졌다. 1997년에 와일스는 볼프스켈상을 수상했다.

공으로 채우기

요하네스 케플러의 추측은 페르마의 추측보다 훨씬 더 긴 389년 동안 남아 있었다. 이 독일 천문학자는 공을 가능한 한 조밀하게 쌓는 방법에 대해 생각했다. 그 이유는 서로 매우 가까이 있는 석류 씨앗들 때문이었다. 자연에서 발생하는 패턴에 관한 저서 《육각형 눈송이에 관하여》(1609)에서 그는 육군과 해군이 이미 해결책을 알고 있다는 결론에 도달했다. 군인들이 대포알을 보관하는 방법보다 공간을 더 절약할 수는 없다고 주장한 것이다.

구조는 간단하면서도 효율적이다. 나란히 놓인 2개의 공 옆에 세 번째 공을 배치해 다른 두 공에 닿도록 한다. 발사체가 이미 놓여 있는 2개의 발사체와 각각 접촉하듯 말이다. 그러면 표면이 덮이면서 첫 번째 층과 똑같이 생긴 두 번째 층이 생겨난다. 공은 스스로 제 위치, 즉 아래층 틈새로 미끄러져 들어간다. 이렇게 하면 층과 층을 연결할 수 있다. 이 배열에서 전체 부피 중 공이 차지하는 비율은 약 74.048퍼센트, 정확히 $\frac{\pi}{3\sqrt{2}} \times 100$퍼센트다. 시장의 과일 상인들이 오렌지를 정교한 피라미드 모양으로 쌓아 올리는 모습에서 이러한 쌓기 기술을 감상할 수 있다.

수학자들은 이 같은 배열이 최적이라는 것을 증명했다고 거듭 주장했다. 그러나 비판적인 동료들은 매번 이 주장의 허점을 발견했다. 1998년 토머스 헤일스(Thomas Hales, 1958~)는 자신이 성공했을 가능성이 있다고 조심스럽게 발표했다. 만약 과학계가 그에게서 실수를 발견하지 못했다면 말이다. 미국 피츠버그 대학교의 수학자 헤일스는 "이 수학 분야는 잘못된 증명으로 악명이 높다"며 "몇 달 동안 작업을 확인하는 데 시간을 보냈다"고 말했다. 이 증명은 총 250쪽 넘는 텍스트와 3기가바이트(수십억 바이트) 넘는 프로그램 및 데이터로 이뤄져 있다.

증명을 검토하기로 한 위원회는 몇 년 만에 이를 포기했다. 12명의 위원은 증명의 99퍼센트는 정확하지만 완전히 확신할 수 없다고 발표했다. 헤일스의 증명을 게재한 잡지의 편집자는 그에게 편지를 보냈다. "검토 위원들은 증명의 정확성을 판단할 수 있는 위치에 있지 않으며 앞으로도 그럴 것입니다. 그들은 한계에 봉착했습니다." 이는 확실한 지식에 큰 가치를 두는 수학의 새로운 진전이라고 할 수 있다.

페르마의 정리와 마찬가지로 케플러의 추측도 어떤 것이 존재하지 않는다는 걸 증명해야 했다. 페르마의 경우 특정 방정식의 정수해가 존재하지 않는다는 것이었고, 케플러는 공간의 74.048퍼센트 이상을 채울 수 있게 공을 배치할 수 없다는 것이었다. 이것만으로도 작업이 어려웠다. 게다가 좁은 공간에서는 공들이 더 조밀하게 모여 있을 수 있다. 그러나 이러한 배치는 주변의 공을 덜 유리한 위치로 밀어 넣어 국소적인 밀도의 이점을 약화시킨다.

이것을 증명하기 위해 헤일스는 먼저 무한히 큰 무더기 대신 최대 53개의 공으로 이루어진 무더기를 고려하는 것으로 충분하다는 걸 증명했다. 그런 다음 박사과정 학생과 컴퓨터의 도움을 받아 나머지 5000가지 유형의 공 무더기를 살펴봤다.

다락방에서 조용히 남몰래 페르마의 추측에 대해 고민하던 와일스와 달리, 헤일스는 자신의 홈페이지에 케플러의 추측을 5단계로 증명하는 연구 계획을 올렸다. 그는 이렇게 썼다. "이 프로그램을 발표한 이유는 다른 사람들이 저를 도와주도록 자극하고 싶었기 때문입니다. …저는 종종 큰 문제의 규모에 압도당하는 느낌을 받곤 합니다."

헤일스는 잠자리에 들거나 식사하는 짧은 휴식 시간만 빼고 내내 케플러의 가설을 파고들었다. 마침내 증명을 완성하고 나자 공허해졌다. 헤일스 같은 사람은 무엇으로 그런 공허함을 채울까? 물론 또 다른 깨기 힘든 문제를 찾아 나서는 것이다. 켈빈 남작(Baron Kelvin)으로 더 잘 알려진 윌리엄 톰슨(William Thomson, 1824~1907: 아일랜드 출신의 영국 수학자—옮긴이)은 19세기에 어떻게 하면 공간을 동일한 부피로 나누어 표면적을 최소화할 수 있을지 궁금해했다. 헤일스는 말했다. "켈빈의 문제는 좋은 문제의 특징을 모두 갖추고 있죠. 쉽게 정의할 수 있고, 역사가 풍부하며, 너무 어려워서 풀려면 한 세대 이상 걸릴 것 같아요."

케플러의 추측에 대한 복잡한 증명은 이 미국 수학자에게도 평화를 주지 못했다. 헤일스는 특수한 소프트웨어로 자신의 작업을 확인하기 위해 '플라이스펙〔Flyspeck: 케플러에 대한 공식적인 증명(formal proof of

토머스 헤일스가 공(그리고 오렌지)을 가장 좋은 방법으로 쌓는 걸 시연하고 난 후, 현지 시장에서 한 통의 전화를 받았다. "지금 바로 오세요. 오렌지는 쌓을 수 있지만, 아티초크(artichoke: 둥근 모양의 여러해살이 엉겅퀴류 식물—옮긴이)에는 문제가 있습니다."

Kepler)〕' 프로젝트를 시작했다. ('/f. *p. *k/'는 프로그래밍에서 연산 기호나 변수 이름 등으로 쓰이는 문자다. 헤일스는 소프트웨어에 자주 나타나는 특성을 나타내기 위해 Flyspeck을 프로젝트명으로 내세운 것이다—옮긴이.) 대규모 팀의 도움으로 그는 2014년에 검증이 완료됐음을 선언할 수 있었다. 헤일스는 이제 전문 심사자는 "더 이상 필요하지 않다"고 말한다. 어깨에 얹힌 큰 무게도 가벼워졌다. "갑자기 10년은 젊어진 기분입니다."

21세기

2000년	클레이 수학연구소, 7가지 수학 문제 해결을 위해 수백만 달러 상당의 상금 제시
2001년	뉴욕 세계무역센터 테러
2002년	그리고리 페렐만, 푸앵카레의 추측에 대한 증명을 인터넷에 발표. 일부 유럽연합 국가에서 유로화 도입
2003년	아벨상 최초 수여
2004년	〈런던 타임스〉에 숫자 퍼즐 스도쿠 처음 등장. 인도양에서 쓰나미로 20만 명 넘게 사망
2005년	유럽연합, 25개 회원국으로 확대
2006년	페렐만, 필즈상 수상 거부
2010년	아랍의 봄
2011년	시리아 내전 발발. 세계 인구 70억 명 돌파. 일본 후쿠시마 원자력발전소 폭발
2013년	크로아티아, 유럽연합에 28번째 국가로 가입
2014년	마리암 미르자카니, 여성 최초로 필즈상 수상
2016년	영국, 국민투표에서 유럽연합 잔류 과반수 찬성으로 반대(브렉시트)
2017년	우파 포퓰리즘 독일대안당(AfD), 독일 연방의회 입성

20세기는 시작과 동시에 다가올 세기를 위한 과제를 공식화하며 끝이 났다. 클레이 수학연구소(CMI)는 2000년 파리에서 열린 콘퍼런스 때 7가지 수학 난제를 선정했다. 미국의 백만장자 랜든 클레이(Landon Clay)가 운영하는 이 재단은 그 문제를 가장 먼저 푸는 사람에게 100만 달러의 상금을 수여하기로 했다.

이 밀레니엄상을 통해 클레이 수학연구소는 1900년 파리에서 다비트 힐베르트가 제시한 23가지 문제 목록을 이어가고자 했다. 또한 주최 측은 젊은 수학자들이 어려운 문제에 도전하도록 격려하고자 했다. 7가지 수학 문제를 푸는 게 극도로 어렵다는 것은 전문가들 사이에서 논란의 여지가 없다.

밀레니엄상

힐베르트의 목록 중 12가지 과제가 현재까지 해결됐으며, 3가지는 아직 미해결 상태이고, 8가지는 수리물리학을 더욱 정밀하게 만드는 것과 같은 일반적인 성격의 과제였다. 당시 괴팅겐 대학의 이 수학자는 이전까지 잘 알려지지 않았던 주제도 다뤘다. 그러나 새로운 목록은 내막을 아는 사람들에게는 전혀 놀라운 일이 아니었다. 7가지 밀레니엄 문제는 다음과 같다.

• 힐베르트가 이미 언급했던 리만 가설은 이른바 제타 함수(무한급수와

소수의 관계를 탐구한다―옮긴이)의 영점을 다루고 있다. 이 가설은 소수들이 정수들 속에서 어떤 규칙에 따라 분포하는지에 대한 질문이다. 수천 년 동안 이 수학의 기초와 관련한 연구가 이뤄졌지만, 여전히 그에 대해 알려지지 않은 것이 많다.

- 호지(Hodge) 추측은 대수와 기하학 사이의 연결 고리를 만들어낸다. 수학자들은 미지의 방정식 해를 이용해 기하학적 공간을 구성한다. 그런 다음 그 속성을 탐구해서 해에 대한 결론을 도출한다.

- 버치―스위너턴다이어(Birch & Swinnerton-Dyer) 추측은 미지수 외에 정수, 사칙연산, 거듭제곱만을 포함하는 방정식의 정수해를 다룬다. 힐베르트의 목록에는 이미 그러한 방정식이 정수해를 가지고 있는지 판단하는 절차를 찾는 것이 포함돼 있었다. 1970년 소련의 수학자 유리 마티야세비치(Yuri Matiyasevich, 1947~)는 이에 대해 보편적으로 유효한 방법이 있을 수 없다는 걸 증명했다. 그러나 이 방정식의 부분 집합인, 이른바 종수 1〔여기서 종수(genus, 種數)는 리만 곡면에서 종수를 말한다. 곡면의 위상적 복잡성을 뜻하는데, 닫힌 2차원 표면에서 구멍의 개수를 나타내는 정수다―옮긴이〕 타원 곡선의 정수해는 어떤가?

- $p \neq np$ 약어 뒤에는 최적화 이론의 문제가 숨어 있다. p는 효율적으로 해결할 수 있는 모든 최적화 작업을 의미하고, np는 쉽게 설명할 수는 있지만 빠른 해결 방법을 아직 찾지 못한 문제를 의미한다. (p는 polynomial time으로 다항 시간 안에 답을 구하는 알고리즘이 존재하는 문제를 말한다. np는 nondeterministic polynomial time으로 제시된 해를 검증할 수 있는 문제가 포함된 집합을 말한다. p는 np의 부분 집합이다―옮긴이.) 후자의 전형적인

예는 외판원 문제다. 외판원이 여러 도시를 방문하는데, 가능한 한 짧은 경로를 선택하려 한다. 핵심은 20개 도시만 해도 가능한 경로가 2조 개 이상이며, 아직까지도 경로가 가장 짧은 것을 찾는 방법이 알려지지 않았다는 데 있다. 우리가 찾고 있는 것은 여행하는 세일즈맨과 다른 많은 문제에서 '좋은' 해결책이 없다는 걸 증명하는 것이다. 과학자들은 종종 자신이 해결책을 찾았다고 믿는다. 예를 들어 2017년 여름, 독일 본의 컴퓨터과학자 노르베르트 블룸(Norbert Blum, 1954~)은 문제를 해결했다고 발표했다. 그러나 몇 주 후 자신의 작업에 결함이 있음을 인정해야 했다.

- 나비에-스토크스(Navier-Stokes) 방정식은 19세기로 거슬러 올라간다. 이 방정식은 액체와 공기의 난류를 설명한다. 예를 들어, 기상학자와 비행기 개발자들은 이 방정식을 매일 사용한다. 컴퓨터는 대략적으로 값을 계산한다. 오늘날까지도 나비에-스토크스 방정식을 정확히 푸는 방법을 아는 사람은 없다.

- 양-밀스(Yang-Mills)의 방정식은 기본 입자물리학과 이른바 올다발(fiber bundle: 위상수학에서 국소적으로 두 공간의 곱집합 형태를 띤 위상 공간─옮긴이)의 기하학 사이의 관계를 설정한다. 제네바에 있는 유럽 입자물리학연구소의 과학자들이 이것을 사용한다. 그러나 그들이 설명하는 양자장이 존재한다는 수학적 증거는 그 어디에도 없다.

- 푸앵카레 추측은 이른바 3차원 구면에 관한 것이다. 프랑스의 수학자 앙리 푸앵카레는 약 100년 전에 약간 변형된 3차원 구면의 특성을 증명했다고 믿었다. 자신의 작업에서 오류를 발견한 그는 정리를 다

시 수정했다. 그럼에도 그와 후속 연구자들은 결국 그걸 증명하는 데 성공하지 못했다.

일반인에게 무서운 점은 3차원 구면이 4차원 공간의 일부를 나타낸다는 것이다. 우리는 일상생활에서 왼쪽/오른쪽, 위/아래, 앞/뒤 등 3가지 공간 방향만 알고 있다. 하지만 수학자들은 아무런 걱정 없이 더 높은 차원으로 이동한다. 이럴 경우 차원당 하나의 좌표만 추가된다. 예를 들어, 3차원 공간에서 3개의 인접한 숫자로 한 점을 나타내는 것처럼, 네 번째 숫자를 추가하는 셈이다. 이것은 일반적으로 또 다른 어려움을 초래하지 않는다. 하지만 푸앵카레 추측의 경우에는 어려움이 따른다.

1차원 구는 원형의 선, 2차원 구는 공의 표면, 3차원 구는 4차원 공의 표면이다. 상상하기 쉽지 않지만, 단순히 수학자들의 헛된 꿈만은 아니다. 천체물리학 이론에 따르면, 우리의 우주는 3차원 구다.

하지만 푸앵카레는 표면이 2차원 구를 나타낼 때의 기준을 알고 있었다. 사과와 도넛 또는 크링글(프레첼의 일종인 북유럽의 과자로 표면에 구멍이 나 있다─옮긴이)의 예를 사용해 설명할 수 있다. 사과를 둘러싸고 있는 고무 밴드는 과일을 따라 움직일 수 있으며, 결국 한 지점으로 잡아당길 수 있다. 그러나 도넛이나 크링글에 고무 밴드를 두르고 그 밴드가 가운데 구멍을 지나가도록 하면, 그렇게 되지 않는다. 각각의 고무 밴드가 당겨져서 한 점을 형성할 수 있는 구조를 단일 연결(구멍이 없다는 뜻─옮긴이)이라고 부른다. 단일 연결된 2차원 표면은 아마도 변형된 2차원 구일 것이다. 푸앵카레는 이와 유사한 특성화가 3차원 표면에도 적용된다고 생각했다.

20세기 동안 수학자들은 4차원, 5차원, 심지어 더 높은 차원의 표면에 대한 푸앵카레 추측의 변형을 증명했다. 그러나 3차원의 경우만은 모든 노력에도 불구하고 해결되지 않았다.

사라진 천재

7가지 밀레니엄상 문제를 공표한 직후, 한 가지 문제가 해결될 것이라는 소문이 돌기 시작했다. 2002년에 그리고리 페렐만(Grigori Perelman, 1966~)은 실제로 푸앵카레 추측을 특수한 경우로 포함하는 정리의 증명을 인터넷에 게시했다. 몇몇 전문가만 페렐만이 무엇을 성취했는지 즉시 알아차렸다. 자신의 논문에서 이 러시아인은 유명한 추측을 다소 무심하게 언급했을 뿐이었다.

첫 번째 논문을 발표하고 몇 달 후, 페렐만은 그 논문의 약점 2가지를 보완했다. 그리고 얼마 지나지 않아 두 번째 보충 자료를 작성해 미국 케임브리지에서 결과를 발표했다. 매사추세츠 공과대학교(MIT)의 붐비는 강의실에서 그는 운동화와 주름진 정장을 입은 채 칠판 앞에 서서 청중에게 이 우주를 모든 가능한 우주들의 거대한 집합의 한 요소로 상상해보라고 권했다. 그런 다음 자신의 증명을 개략적으로 설명했다. 세부 사항은 다른 사람들에게 맡겼다.

전문가들은 그의 주장을 더 자세히 발전시키고 테스트한 결과, 그것이 정확하다는 사실을 확인했다. 수많은 연구 세미나를 통해 그 아이디어를 이해하고 공식화했다. 또한 수학자들은 전문가들이 페렐만의 결과에 대해 토론하는 웹사이트를 개설했다. 미국의 수학과 교수 도널 오세이(Donal O'shea, 1952~)는 그의 작업을 "이전 어느 때보다 더 면밀하게 조사했다"고 말한다. 몇몇 수학자들이 이전에도 그 추측을 증명했다고 주장했는데, 그때마다 그 증명에서 오류가 발견되곤 했다. 2005년 이탈리아 트리에스테(Trieste)에서 열린 한 회의에서 참석자들은 만장일치로 푸앵카레의 추측을 해결한 것으로 간주해야 한다고 의견을 모았다.

페렐만 자신은 2003년부터 눈에 띄지 않게 지냈다. 언론도 그에게 접근할 수 없다. 그는 몇 안 되는 인터뷰 중 하나에서 다음과 같이 단언했다. "저는 대중에게 조금이라도 도움이 될 만한 말을 하고 싶은 생각이 전혀 없습니다. 요즘은 자기 홍보를 많이 하는 걸로 알고 있는데, 그렇게 하려는 분들이 계시다면 행운이 있길 바랍니다."

페렐만은 천재이자 괴짜 과학자다. 16세에 부다페스트에서 열린 수학 올림피아드에서 최고 점수로 우승했다. 27세에 이미 유명한 추측인 이른바 '솔 정리(soul theorem: 리만 기하학의 한 정리—옮긴이)'를 풀었다. 그는 유럽 수학회가 주려는 상을 결코 받지 않았다. 페렐만은 돌파구를 찾기 전 몇 년 동안, 마치 지구상에서 사라진 것처럼 보였다. 그는 칩거한 채 푸앵카레의 추측에 매달렸다.

이것을 증명한 후, 페렐만은 상트페테르부르크의 스테클로프 연구소(Steklov-Institut)를 그만두고 모습을 감추었다. 그는 상트페테르부르크 외곽의 몹시 열악한 환경에서 어머니와 함께 살고 있는 것 같다. 그게 사실인지는 그에 관해 떠도는 수많은 소문만큼이나 불확실하다. 예를 들어, 그는 자동차를 타지 않고 머리카락과 손톱을 절대 깎지 않는다고 한다. 왜냐하면 이러한 것들은 자연이 의도한 바가 아니기 때문이다.

2006년 여름, 페렐만은 마드리드에서 열린 국제수학연맹 대회에서 해당 분야의 최고 과학자에게 수여하는 필즈상을 받을 예정이었다. 하지만 이 괴짜 러시아인은 나타나지 않았다. 아무런 이유도 밝히지 않고 상을 거절한 것이다. 이런 일은 이전까지 한 번도 없었다. 다른 수상자들은 모두 자랑스럽게 상을 기꺼이 받았다. 2010년에는 클레이 수학연구소에서 그에게 밀레니엄 문제를 해결한 공로로 100만 달러를 수여하려 했다. 하지만 그는 미국의 수학자 리처드 해밀턴(Richard Hamilton, 1943~)이 자신의 예비 연구에서 했던 것과 비슷하게 큰 기여를 했다는 이유로 그 상금을 거절했다.

페렐만의 증명이 자연과학에 어떤 영향을 미칠지는 아직 명확하지 않다. 도널 오셰이는 이것이 "밀레니엄이 진행됨에 따라 분명해질 것"이라고 확신한다.

필즈상

어떤 일화는 너무 그럴싸해서 믿기지 않는다. 알프레드 노벨(1833~1896)의 아내가 스웨덴 수학자 예스타 미타그레플레르(Gösta Mittag-Leffler,

1846~1928)와 불륜을 저질렀고, 이 때문에 남편이 수학에는 상을 주지 않았다는 얘기가 있다. 사실 그런 일은 없었다. 노벨은 결혼도 하지 않았다. 그는 수학자들에게 상으로 보상하기에는 수학이 응용과 너무 멀리 떨어져 있다고 생각했을 뿐이다.

따라서 1936년 처음으로 수여된 필즈상은 수학계의 최고 영예로 평가받는다. 그러나 필즈상의 상금은 약 1만 유로에 불과하다. 40세 이하의 한 과학자에게만 준다. 2003년부터 노르웨이 과학 아카데미는 매년 600만 크라운(약 76만 유로)에 달하는 아벨상(Abel-Preis)을 운영하고 있다.

수학계의 여성들

한 수학자가 처음으로 필즈상 수상을 거부한 지 8년 만에 또다시 새로운 일이 벌어졌다. 2014년 마리암 미르자카니(Maryam Mirzakhani, 1977~2017)가 모든 사람이 탐내는 상을 받은 최초의 여성이 된 것이다.

여성은 주차도 못 하고 수학도 못 한다는 편견이 사라지지 않고 있다. 2005년 당시 하버드 대학교 총장이던 래리 서머스(Larry Summers)는 수학과 자연과학 분야에서 최고의 여성 연구자가 부족한 이유는 생물학적으로 여성이 부적합하기 때문이라고 주장했다. 결국, 서머스는 이 발언 때문에 자리에서 물러나야 했다. 수많은 연구자가 남성과 여성의 차이를 면밀히 조사했다. 경제협력개발기구(OECD)의 학업 성취도를 비교한 이른바 피사(PISA) 테스트에서는 거의 모든 국가의 남학생이 여학

2014년 마리암 미르자카니는 여성 최초로 '수학자들의 노벨상'인 필즈상을 수상했다.

생보다 수학 성적이 약간 더 좋았다. 독일에서는 평균 3퍼센트 더 높은 점수를 받았다. 그러나 러시아, 싱가포르, 이란에서는 남학생이 여학생보다 낮은 점수를 받았다. 2008년 미국의 대규모 연구에서는 남녀 간 학교 시험 성적에 차이가 없다는 결과가 나왔다.

남자아이들이 수학 성적에 앞서 있더라도, 그게 꼭 그들이 더 재능 있다는 것을 의미하지는 않는다. 또한 이는 자기실현적 예언 때문일 수 있다. 어린 나이에 여자아이들한테 수학에 재능이 없다고 말하면, 그들은 결국 그걸 믿을 테고, 그 결과 성적은 떨어질 것이다. 많은 실험실 실험이 이 이론을 확증한다. 연구자가 주어진 수학 문제를 풀기엔 피험자들이 너무 형편없다고 언질을 줄 경우, 그들은 훨씬 더 자주 문제를 풀지 못했다.

오늘날 독일에서는 남성과 거의 같은 수의 여성이 수학을 전공한다. 하지만 여성 교수는 훨씬 적다. 그리고 각 나라의 가장 재능 있는 젊은 이늘이 경쟁하는 국제 수학 올림피아드에서도 역시 남성이 압도적으로 많다. 따라서 일부 심리학자들은 여성보다 남성에게 지능이 더 널리 분포해 있다고 믿는다. 두 성별의 평균은 같지만 '창조적인 신사들'의 범위가 더 넓고, 그렇기 때문에 남성 중에 재능 있는 천재들이 더 많고,

다른 한편으로는 바보들도 더 많다는 것이다. 하지만 이런 이론은 논란의 여지가 있다. 아마도 사회적 영향이 훨씬 더 큰 역할을 할 것이다. 어린 시절부터 성별에 따른 역할을 형성하는 것을 시작으로, 일과 출산 사이의 균형을 맞춰야 하는 어려움까지 말이다.

아무튼 히파티아(355?~415), 소피야 코발렙스카야(Sofiya Kovalevskaya, 1850~1891), 에미 뇌터(Emmy Noether, 1882~1935) 같은 개별 여성 수학자들은 지난 수 세기 동안 획기적인 성과를 이뤘다. 그러나 21세기에 들어서야 여성은 최고의 인정을 받기에 이르렀다.

이란 출신의 과학자 마리암 미르자카니는 최근까지 캘리포니아의 스탠퍼드 대학교에서 교수를 역임했다. 대학 측의 소개에 따르면, 그녀는 "일반인에게는 외계어처럼 보이는" 주제를 연구했다. "그녀의 연구는 매우 이론적이었지만, 우주 창조의 기원을 설명하는 이론물리학에 중요할 수 있다."

2017년 미르자카니는 불과 40세의 나이로 암 투병 끝에 세상을 떠났다. 그녀의 분투가 젊은 여성들에게 '과학의 여왕'인 수학에 도전하는 용기를 주길 희망한다.

스도쿠

대기실, 지하철, 사무실, 교실, 비행기 등 어디에서나 스도쿠를 볼 수 있다. 연필을 든 사람들이 숫자 상자가 그려진 종이 위에 몸을 숙인 채

뭔가에 몰두한다. 마치 다른 세계에 빠져 있는 것처럼 그들은 존재하지 않는 듯하다. 당신은 그들에게 감히 말조차 걸지 못할 것이다. 그들의 열정에는 이름이 있다. 스도쿠.

이 퍼즐은 1부터 9까지의 숫자를 9×9 상자의 틀 안에 입력해야 한다. 모든 숫자가 각 행과 각 열에서 정확히 한 번씩만 나타나는 방식으로 말이다. 또한 81개의 칸에 각각 3×3칸의 9개 블록으로 나뉜다. 각 숫자는 이 블록에서도 정확히 한 번씩만 나타나야 한다. 처음에는 일부 숫자를 몇몇 칸에 입력해둔다. 그러면 퍼즐을 푸는 사람은 규칙에 따라 그 밖의 다른 숫자를 찾아서 채워 넣어야 한다.

숫자 퍼즐 스도쿠를 풀기 위해 수학을 할 필요는 없다. 순전히 논리적 조합으로 풀 수 있다. 숫자 대신 색상, 문자 또는 다른 기호를 사용할 수도 있다.

놀랍게도 '호모 스도쿠니엔시스(Homo sudokuniensis)' 중에는 학교에서 수학을 전혀 좋아하지 않았거나, 심지어 이 과목에 강한 거부감을 가진 많은 사람이 존재한다. 인터넷에서의 논의에 따르면, 그들은 스도쿠와 수학의 관계를 알파벳 수프(글자 모양의 파스타가 들어간 수프. 알파벳 문자로 괴테 작품에 나타나는 단어들, 예를 들어 'Faust'를 만들며 교육과 게임을 연결한다―옮긴이)와 괴테 작품의 관계와 같다고 믿는 듯하다. 물론 퍼즐이 연구의 모든 것은 아니다. 하지만 퍼즐을 풀려면 수학적 기술이 필요하다. 해결책이 눈앞에 보일 때까지 엄격한 논리적 절차, 사실들의 결합, 오랜 숙고를 해야 한다.

1979년 초, 미국의 퍼즐 발명가이자 건축가 하워드 간즈(Howard

Garns, 1905~1989)는 오늘날의 스도쿠와 동일한 규칙을 가진 '숫자 배열하기(Number Places)' 퍼즐을 〈델의 연필 퍼즐과 단어 게임(Dell Pencil Puzzles and Word Games)〉 잡지에 발표했다. 5년 후, 일본 출판사 니코리(Nokoli)는 '숫자, 홀로 서 있다(数字は独身に限る)' 또는 줄여서 '스도쿠'라는 이름으로 이 아이디어를 받아들였다. 당시 일본에서는 숫자 퍼즐이 이미 큰 인기를 끌고 있었다. 전통적인 십자말 풀이는 일본어 문자로 거의 실행할 수 없기 때문이다.

유럽에서 스도쿠가 본격적으로 알려진 것은 홍콩에 거주하는 뉴질랜드인 웨인 굴드(Wayne Gould, 1945~) 덕분이었다. 1997년 우연히 일본 퍼즐 책을 손에 넣은 그는 즉시 거기에 매료됐다. 당시 판사로 일하다가 막 은퇴한 굴드는 컴퓨터 기술을 연습하고 싶어 스도쿠 퍼즐을 생성하는 프로그램을 만들기로 했다. 이를 완성한 그는 런던에서 발행하는 〈타임스〉에 숫자 퍼즐을 무료로 제공했다. 신문 독자들이 자신의 퍼즐 책을 구입하길 바라면서 말이다. 계획은 성공했다. 2004년 11월, 신문사는 첫 스도쿠 책자를 출판했고, 굴드는 수백만 달러의 부자가 되었다.

수학자들은 숫자 퍼즐도 다룬다. 수년간의 연구 끝에 한 국제 팀은 2012년 스도쿠를 명확하게 풀려면 최소한 몇 개의 숫자가 미리 주어져야 하는지 밝혀냈다. 즉, 처음에 17개가 채워져 있으면 충분했다. 이것을 증명하기 위해 과학자들은

스도쿠 퍼즐은 무려 60해 개가 넘어 결코 고갈되지 않을 것이다.

16개의 숫자를 먼저 채워 넣고 컴퓨터에서 모든 가능성을 체계적으로 시도했다. 700만 시간의 컴퓨팅을 한 후, 이러한 패턴 중 어느 것도 명확한 해결책을 갖고 있지 않다는 게 분명해졌다.

2005년에는 두 과학자가 고단한 작업과 체계적인 컴퓨터 검색을 통해 60해(垓) 개 이상의 서로 다른 스도쿠 퍼즐이 있다는 걸 발견했다 (정확히는 66해 7090경 3752조 210억 7293만 6960개―옮긴이). 1해는 1 뒤에 0이 20개 붙는다. 회전하기, 미러링하기, 숫자나 행 혹은 열 교환하기를 통해 서로 같은 것이 되지 않는, 본질적으로 다른 숫자 배열만 계산하면 그 수는 50억, 정확히 54억 7273만 538개로 줄어든다. 서로 다른 스도쿠보다 지구상에는 사람이 더 많다.

하지만 그렇다고 당황할 이유는 없다. 첫째, 퍼즐 하나에 10분을 할애해 밤낮 쉬지 않고 작업하더라도 모든 퍼즐을 푸는 데는 약 10만 년이 걸릴 것이다. 둘째, 이는 완전히 채워진 스도쿠만 센 것이다. 그러나 각 해답에서 주어진 숫자를 몇 개 지움으로써 또다시 여러 퍼즐 문제를 만들어낼 수 있다. 유일한 규칙은 주어진 숫자들이 단 하나의 답만 보장해야 한다는 것이다. 완성된 상자의 각 숫자는 퍼즐을 시작할 때 세팅된 숫자들에 의해 명확하게 확정돼야 한다. 따라서 스도쿠는 그렇게 빨리 바닥나지 않을 것이다.

참고문헌

Aigner, Martin/Ziegler, Günter: Das BUCH der Beweise, Berlin 2014.

Alten, HansWilhelm et al.: 4000 Jahre Algebra, Berlin/Heidelberg 2003.

Barrow, John D.: Ein Himmel voller Zahlen, Reinbek 1999.

Barrow, John D.: Einmal Unendlichkeit und zurück, Frankfurt 2008.

Basieux, Pierre: Abenteuer Mathematik, Reinbek 2012.

Basieux, Pierre: Die Top Ten der schönsten mathematischen Sätze, Reinbek 2000.

Basieux, Pierre: Die Top Seven der mathematischen Vermutungen, Reinbek 2004.

Beutelspacher, Albrecht: Geheimsprachen, München 2013.

Beutelspacher, Albrecht: In Mathe war ich immer schlecht, Wiesbaden 2009.

Beutelspacher, Albrecht: Pasta all'infinito, München 2001.

Blum, Wolfgang: Die Grammatik der Logik, München 2001.

Davis, Philip J./Hersh, Reuben: Erfahrung Mathematik, Basel 1994.

Devlin, Keith: Das MatheGen, München 2003.

Devlin, Keith: Der MatheInstinkt, Stuttgart 2005.

Dewdney, Alexander: Reise in das Innere der Mathematik, Basel 2000.

Dunham, William: Mathematik von A bis Z, Basel 2014.

Du Sautoy, Marcus: Die Musik der Primzahlen, München 2005.

Kaiser, Hans/Nöbauer, Wilfried: Geschichte der Mathematik, München 2006.

Kaplan, Robert: Die Geschichte der Null, München 2006.

Lauwerier, Hans: Unendlichkeit, Reinbek 1997.

Mankiewicz, Richard: Zeitreise Mathematik, Köln 2000.

Olivastro, Dominic: Das chinesische Dreieck, Frankfurt 2006.

O'Shea, Donal: Poincarés Vermutung, Frankfurt 2009.

Osserman, Robert: Geometrie des Universums, Braunschweig/Wies baden 1997.

Peitgen, HeinzOtto/Jürgens, Hartmut/Saupe, Dietmar: Chaos: Bausteine der
    Ordnung, Reinbek 1998.

Pfeiffer, Jeanne/DahanDalmedico, Amy: Wege und Irrwege, Darmstadt 1994.

Rosenthal, Jeffrey: Vom Blitz getroffen, Frankfurt 2007.

Scriba, Christoph/Schreiber, Peter: 5000 Jahre Geometrie, Berlin/Heidelberg 2009.

Seife, Charles: Zwilling der Unendlichkeit, München 2002.

Singh, Simon: Fermats letzter Satz, München 2000.

Singh, Simon: Geheime Botschaften, München 2001.

Stewart, Ian: Unglaubliche Zahlen, Reinbek 2016.

Taschner, Rudolf: Der Zahlen gigantische Schatten, Berlin/Heidelberg 2016.

Taschner, Rudolf: Das Unendliche, Berlin/Heidelberg 2005.

Walz, Guido (Hrsg): Faszination Mathematik, Berlin/Heidelberg 2003.

Wußing, Hans: Vorlesungen zur Geschichte der Mathematik, Berlin 2008.

Ziegler, Günter: Darf ich Zahlen?, München 2011.

사진 · 그림 출처

옮긴이의 글

"편견을 깨는 수학의 의미·재미"
생각을 확장하고 선입견에 맞서다

수줍은 수학자 그리고리 페렐만에 대한 인터뷰 시도를 본 적이 있다. 인터뷰가 아니라 인터뷰 시도였다. 국내 한 언론사가 그를 인터뷰하기 위해 여러 차례 러시아 상트페테르부르크 외곽의 한 허름한 아파트로 찾아갔다. 하지만 그의 어머니만 만났을 뿐이었다. 가까스로 페렐만을 먼발치에서 보았고 인터뷰는 성사되지 않았다.

그는 이 책에서 '사라진 천재'로 언급된다. 페렐만은 '푸앵카레 추측'을 증명하고 '솔 정리'를 풀면서 상과 부상으로 엄청난 상금을 탈 예정이었지만 받지 않았다. 아… 뭔가 거장의 아우라가 느껴진다. 페렐만은 순수하게 수학만 좋아한다. 이 세상의 겉치레에는 관심이 없다. 그렇기 때문에 더욱 수학에 매달릴 수 있는 건 아닐까. 그런데 영화 〈굿 윌 헌팅〉(1999)의 제럴드 램보 교수(스텔란 스카르스고르드 분)처럼 누군가는 상과 상금에만 매달리기도 한다. 그러면 수학적 성취는 더욱 멀어진다. 인생처럼 수학도 참 아이러니하다.

이 책의 저자 볼프강 블룸 박사는 정말 수학을 사랑하는 게 느껴진다. 선사 시대부터 21세기까지 시간과 공간을 넘나들며 수학자들을 만나고, 통시적이면서 공시적으로 수학의 역사를 꿰뚫었다. 아! 수학이 이처럼 재밌다니! 그가 강조했듯이, 수학에서 한 번 발견되고 엄밀히 증명된 것은 영원하다. 절대적이고 장구한 학문이 바로 수학이다.

이 책의 원제는 '수학의 짧은 역사'이지만, 결코 짧거나 간단하지가 않은 내용을 담고 있다. 예를 들어, 유클리드와 관련된 내용을 보자. 유클리드는 수학의 순수성을 강조하기 위해 실질적 용도를 고집하는 학생에게 다음과 같이 말했다. "이 소년에게 약간의 돈을 주게. 배움을 통해 이익을 얻고 싶어 하니 말일세." 유클리드는 학생에 대한 지적을 참 고풍스럽게 한 것 같다. 이렇게 재미있는 이야기와 더불어, 유클리드의 《원론》에 대한 설명이 이어진다. 《원론》에 녹아 있는 증명은 "좋은 추리 소설의 매력에 상응하는 통찰력"을 드러낸다. 특히 총 13권에 대한 핵심적인 내용을 정의, 가정, 정리, 공준, 공리 등으로 간결하게 설명한다.

0에 대한 설명도 흥미롭다. 그리스 문화권에서는 0을 두려워했다. 이 책의 저자 볼프강 블룸 박사는 "그리스인은 세계가 항상 존재해왔기 때문에 아무것도 존재하지 않는 시작점은 없다고 믿었다"며 "그들은 이전이 어땠을지 상상할 수도, 상상하고 싶어 하지도 않았다"고 설명했다. 이 때문에 수의 체계는 한계를 지녔다. 그렇다면 0이라는 기호는 어떻게 나왔을까? 여러 가설이 있겠지만, 이 책에서는 다음과 같이 설명했다. "많은 고대 문화권에서는 주판과 비슷한 방식으로 돌을 놓고 그걸 움직여 계산하는 방법을 사용했다. 돌을 제거하면 움푹 들어간 작은 자국이 남는데, 그것이 0이라는 기호의 모델이었을 수 있다."

　모든 것은 역사가 된다. 철학은 철학사이자 주석이고, 수학은 수학사이자 미지의 세계를 향한 도전이다. 특히 수학은 아름다운 증명이다. 모든 것은 증명돼야 의미가 있다. 가우스는 베토벤의 교향곡을 듣고 "그게 무엇을 증명하는 것이지?"라고 반문했다. 충분히 그럴 수 있겠다는 생각이 든다. 수학자들은 뭔가 의미 있거나 재미있는 한 방을 원한다. 시간이 엄청 걸리더라도 말이다. 아울러 "좋은 증명은 시처럼 읽힌다". 좋은 증명은 컴퓨터가 하나씩 분석하듯, '전화번호부'를 일일이 체크하는 것이 아니라는 말이다. 물론 그러한 영역도 있을 것이다.

　이 책의 첫 질문으로 돌아가 보자. '수학이란 무엇인가?' 좀더 구체적으로 과연 수학을 한다는 것은 무엇을 의미하는 것인가? 짧게 답하자면, 그건 바로 편견을 깨부수려는 게 아닐까. 우리 모두는 삼각형 내각의 합이 180도라고 믿고 있다. 하지만 이 책에서 설명하듯 삼각형 내각의 합은 180도보다 작을 수 있다. "유클리드 기하학에서는 이 각들이 180도로 합쳐지지만, 공간이 휘어진 비유클리드 기하학에서는 이 법칙이 성립하지 않는다." 안장형 곡면 같은 경우를 떠올리면 쉽다. 이러한 생각의 확장은 비유클리드 기하학의 출발점이었다. 인류는 이렇게 진화한다.

　이 책의 몇몇 장면에서는 환호성을 질렀다. 학문을 한다는 건 세상의 편견과도 싸우는 일이다. 앤드루 와일스는 동료 수학자들의 비웃음을 뒤로하고 페르마의 추측을 말 그대로 계속 파고들었다. "아침에 일어났을 때부터 잠자리에 들 때까지 8년 동안 다른 어떤 생각도 하지 않았습니다." 와일스가 증명한 내용에서 오류가 발견되기도 했지만, 이 또한 극복해냈다. 멋지다!

아울러 늦었지만 기쁜 소식도 있었다. 마리암 미르자카니 전 미국 스탠퍼드 대학교 수학과 교수가 여성 수학자로서 최초로 필즈상을 수상한 것이다. 남자가 수학을 더 잘한다는 것도 편견 중의 편견이다. 볼프강 블룸 박사는 "남자아이들이 수학에 앞서 있더라도, 그게 꼭 그들이 더 재능 있다는 것을 의미하지는 않는다"며 "또한 이는 자기실현적 예언 때문일 수 있다"고 지적했다. 마땅한 얘기다. 이에 대한 내용은 결코 그 어떤 이데올로기가 아니다. 인류가 극복해야 할 무수히 많은 편견 중 하나다.

아랍어 책 《서한들》에는 다음의 구절이 나온다. "숫자의 과학은 모든 학문의 뿌리이자 지혜의 토대이며 지식의 원천이자 의미의 기둥이다. 그것은 최초의 영약이자 위대한 철학자의 돌이다." 인류가 자연의 위협을 넘어 신의 제약을 뿌리치고 스스로 설 수 있게 된 것은 바로 수학의 힘 때문이었다.

하지만 현대 사회는 집단이 지닌 편견과 왜곡이라는 불합리와 AI라는 초지능의 등장으로 새로운 위기에 직면해 있다. 이런 때일수록 오히려 수학이라는 본질적 학문을 탐구해야 할 것이다. 왜냐하면 탈진실의 시대에 진리를 비추는 것은 수학적 사고로부터 비롯되기 때문이다.

라이프니츠가 논리적 사고의 모델이라고 강조한 수학의 저력을 새삼 되새길 필요가 있다. "우리의 결론을 좀더 낫게 하는 유일한 방법은 수학자처럼 생생하게 만들어서 눈으로 자신의 오류를 발견하는 것이다.

사람들 사이에 의견이 일치하지 않을 때는 더 이상 격식을 차리지 말고 누가 옳은지 '계산해보자!'라고 말만 하면 된다." 이 책이야말로 그러한 오류와 편견을 넘어서는 단초를 제공할 수 있을 것이다.

2025년 4월

김재호

찾아보기